职业教育机械类专业"互联网+"新形态教材

中望CAD机械绘图技术

主　编　温志力　陈建毅　胡　胜
副主编　廖金深　张　帆　谭儒洪
参　编　黄成玉　黄小珍　邓光胜

机械工业出版社

本书主要讲述了中望CAD机械绘图技术知识，是依据职业院校"机械制图"课程标准，采用现行机械制图相关国家标准编写而成的"互联网+"新形态教材。

本书主要内容包括绘图前的准备、绘制简单的二维图形、绘制复杂的二维图形、绘制组合体的视图、绘制零件图和装配图、创建与编辑三维实体模型和PDF虚拟打印。

本书采用任务驱动编写模式，共7个项目，包含26个任务，详细介绍了中望CAD机械版二维图形的绘制和三维实体的创建方法。各任务紧密联系机械工程实际，将知识传授与技术技能培养并重，促进学生职业素养的提升和专业技术的积累。本书中还嵌入了69个二维码，用手机扫一扫便可观看所链接的内容。

本书可作为职业院校机械类专业教材，也可作为"1+X"证书制度技能等级证书考试培训教材，还可作为职业技能大赛培训用教材。凡选用本书作为授课教材的教师，均可登录www.cmpedu.com，注册后免费下载教学资源。

图书在版编目（CIP）数据

中望CAD机械绘图技术／温志力，陈建毅，胡胜主编.
北京：机械工业出版社，2025.4. --（职业教育机械类专业"互联网+"新形态教材）. -- ISBN 978-7-111
-78052-6

Ⅰ.TH126
中国国家版本馆CIP数据核字第2025TM1355号

机械工业出版社（北京市百万庄大街22号　邮政编码100037）
策划编辑：汪光灿　　　　　责任编辑：汪光灿
责任校对：郑　婕　李　杉　封面设计：陈　沛
责任印制：常天培
北京联兴盛业印刷股份有限公司印刷
2025年6月第1版第1次印刷
184mm×260mm・9.25印张・228千字
标准书号：ISBN 978-7-111-78052-6
定价：38.00元

电话服务　　　　　　　　　网络服务
客服电话：010-88361066　　机　工　官　网：www.cmpbook.com
　　　　　010-88379833　　机　工　官　博：weibo.com/cmp1952
　　　　　010-68326294　　金　书　网：www.golden-book.com
封底无防伪标均为盗版　机工教育服务网：www.cmpedu.com

前 言

中望系列软件已广泛应用于机械、电子、汽车、建筑、交通、能源等制造业和工程建设领域。本书主要讲述了中望 CAD 机械绘图技术知识,是采用任务驱动编写模式,依据职业院校"机械制图"课程标准,采用现行机械制图国家标准编写而成的"互联网+"新形态教材。同时,本书将素质教育内容有机融入到每一个项目和任务之中,注重培养学生科技自立自强、吃苦耐劳、精益求精的大国工匠精神,激发学生科技报国的家国情怀和使命担当。

本书特色如下:

1. 校企联合编写。本书根据职业技能大赛的要求及"1+X"证书制度技能等级证书考试标准,将相关知识有机融入教材。校企联合编写,增加知识的专业性和实用性。

2. 理论联系实际。本书共 7 个项目,包含 26 个任务,详细介绍了中望 CAD 机械版二维图形的绘制和三维实体的创建方法。各任务紧密联系机械工程实际,使读者做到学有所用。当然,某些案例和操作练习中使用的操作方法不一定最优、最简洁,这是为了尽量使读者能了解、练习更多的方法,为将来设计复杂的产品奠定基础。

3. 配套资源丰富。本书教学配套资源丰富,配有电子课件、电子教案和习题答案。另外,为了方便读者自主学习,将动画与视频以二维码的形式嵌入教材,读者使用手机扫描书中二维码便可观看相关视频与动画,达到一看就懂、一学就会的目的。

本书由温志力、陈建毅、胡胜担任主编,廖金深、张帆、谭儒洪担任副主编,参加编写的还有黄成玉、黄小珍、邓光胜。

由于编者水平有限,书中难免有错误和不当之处,敬请广大读者批评指正。

编 者

本书说明

"单击"表示单击鼠标的左键。
"双击"表示连续两次单击鼠标的左键。
"右击"表示单击鼠标的右键。
"移动"表示不按鼠标任何键移动鼠标。
"拖动"表示按住鼠标左键移动鼠标。

二维码索引

图号	二维码	页码	图号	二维码	页码	图号	二维码	页码
图 2-3		23	图 2-101		47	图 2-109		48
图 2-21		28	图 2-102		47	图 2-110		48
图 2-56		36	图 2-103		47	图 2-111		48
图 2-67		39	图 2-104		47	图 2-112		49
图 2-88		44	图 2-105		47	图 2-113		49
图 2-98		46	图 2-106		48	图 2-114		49
图 2-99		46	图 2-107		48	图 2-115		49
图 2-100		47	图 2-108		48	图 2-116		49

（续）

图号	二维码	页码	图号	二维码	页码	图号	二维码	页码
图 2-117		50	图 3-57		66	图 4-40		80
图 3-1		51	图 3-58		66	图 4-41		80
图 3-14		56	图 3-59		67	图 4-42		80
图 3-24		59	图 3-60		67	图 4-43		81
图 3-31		61	图 3-61		67	图 4-44		81
图 3-45		64	图 3-62		68	图 4-45		81
图 3-53		66	图 4-1		70	图 4-46		82
图 3-54		66	图 4-17		74	图 4-47		82
图 3-55		66	图 4-31		78	图 4-48		82
图 3-56		66	图 4-39		80	图 4-49		82

二维码索引

（续）

图号	二维码	页码	图号	二维码	页码	图号	二维码	页码
图 4-50		83	图 5-18		92	图 5-25		96
图 4-51		83	图 5-21		94	图 5-26		96
图 4-52		83	图 5-22		94	图 5-27		97
图 4-53		84	图 5-23		95	图 5-28		97
图 5-1		86	图 5-24		95	图 5-37		101

目 录

前言
本书说明
二维码索引
项目1　绘图前的准备 …………………… 1
　　任务1　新建文件夹 ……………… 1
　　任务2　认识中望CAD机械版 …… 2
　　任务3　启动和响应命令的方法 … 15
　　任务4　命令的放弃、重做、中止与重复
　　　　　　执行 …………………………… 17
　　任务5　设置图层 ………………… 17
项目2　绘制简单的二维图形 …………… 21
　　任务1　打开和另存为文件 ……… 21
　　任务2　绘制带标题栏的A4图纸 … 22
　　任务3　绘制简单的直线图形 …… 28
　　任务4　绘制复杂的直线图形 …… 36
　　任务5　绘制单头呆扳手 ………… 38
　　任务6　绘制吊钩 ………………… 43
项目3　绘制复杂的二维图形 …………… 51
　　任务1　绘制手柄 ………………… 51

　　任务2　绘制轮毂 ………………… 55
　　任务3　绘制槽轮 ………………… 59
　　任务4　绘制油底壳 ……………… 60
　　任务5　绘制连杆毛坯 …………… 64
项目4　绘制组合体的视图 ……………… 69
　　任务1　绘制组合体视图（一）… 69
　　任务2　绘制组合体视图（二）… 74
　　任务3　绘制组合体视图（三）… 78
项目5　绘制零件图和装配图 …………… 85
　　任务1　绘制零件图 ……………… 85
　　任务2　绘制装配图 ……………… 90
项目6　创建与编辑三维实体模型 ……… 102
　　任务1　新建三维实体模型的模板文件 … 102
　　任务2　创建简单的三维实体模型 … 105
　　任务3　创建复杂的三维实体模型 … 119
项目7　PDF虚拟打印 …………………… 131
　　任务1　在模型空间PDF虚拟打印 … 131
　　任务2　在图纸空间PDF虚拟打印 … 136
参考文献 ………………………………… 140

项目1

绘图前的准备

学习目标

1. 学会新建文件夹。
2. 熟悉中望 CAD 机械版的工作界面。
3. 学会调用工具栏。
4. 能添加线型。
5. 能进行图层设置。

素养目标

自立自强。

案例示范

任务1　新建文件夹

一、新建文件夹的目的

为了保存练习过程中的文件,在计算机桌面新建一个名为"中望 CAD 练习"的文件夹。

二、新建文件夹的步骤

新建文件夹的步骤如下。
1)在桌面的空白地方右击。
2)在弹出的快捷菜单中选择"新建"→"文件夹"选项,如图 1-1 所示。
3)在桌面上会出现一个文件夹图标,默认的名字为"新建文件夹",如图 1-2a 所示。
4)修改文件夹名称为"中望 CAD 练习",如图 1-2b 所示。

图 1-1　新建文件夹

图 1-2　修改文件夹名称

a) 修改前　　b) 修改后

任务 2　认识中望 CAD 机械版

一、中望 CAD 机械版 2024 的启动

双击桌面上中望 CAD 机械版 2024 的快捷方式，启动中望 CAD 机械版 2024，进入其默认工作界面，如图 1-3 所示，默认绘图区的背景颜色为黑色。

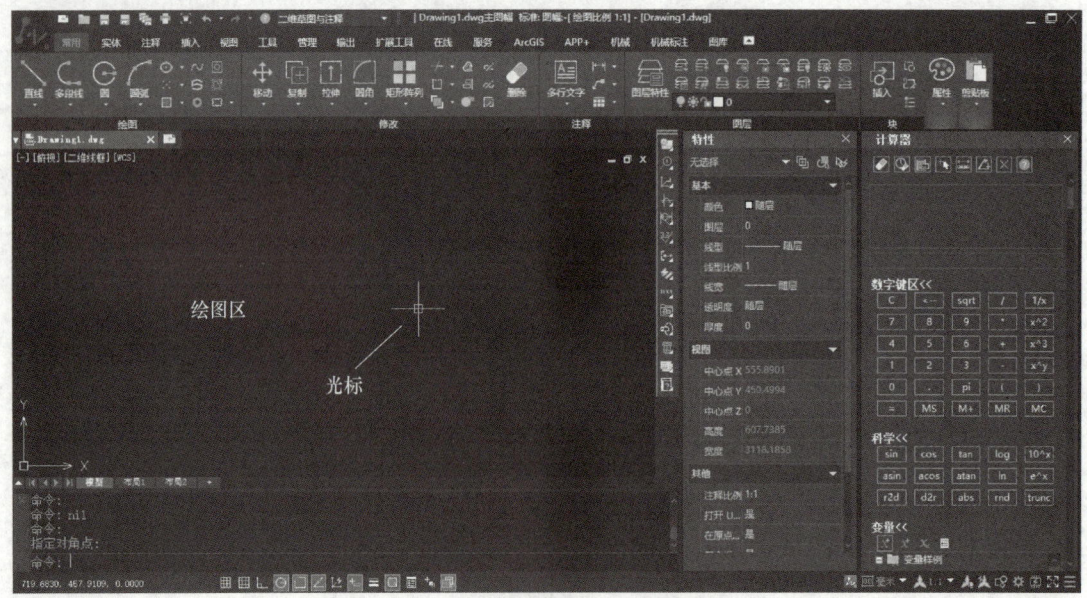

图 1-3　中望 CAD 机械版 2024 默认的工作界面

二、更改绘图区的背景颜色及设置显示精度

更换绘图区背景颜色及设置显示精度的步骤如下。

1) 将光标移动到绘图区右击,在弹出的快捷菜单中选择"选项",如图1-4所示。
2) 在弹出的"选项"对话框中选择"显示"选项卡,如图1-5所示。

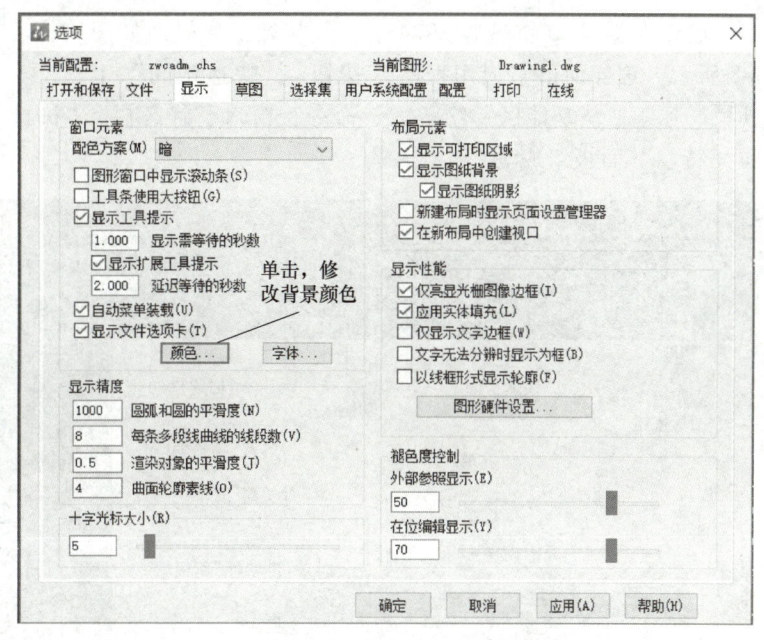

图1-4 选择"选项"

图1-5 "选项"对话框下的"显示"选项卡

3) 单击"颜色"按钮 颜色... ,弹出"图形窗口颜色"对话框,如图1-6所示。

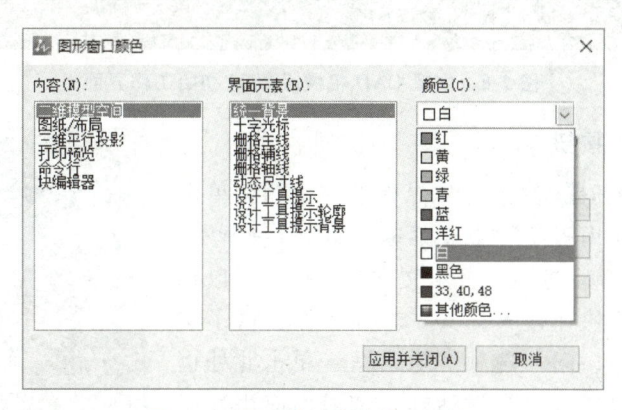

图1-6 "图形窗口颜色"对话框

4) 在"内容"列表框中选择"二维模型空间",在"界面元素"列表框中选择"统一背景",在"颜色"下拉列表框中选择"白",如图1-6所示。

5) 单击"应用并关闭"按钮 应用并关闭(A) ,返回至"选项"对话框。

6) 在"选项"对话框中,选择"显示"选项卡,在"显示精度"栏中输入如图1-7所示的数值。

中望CAD机械绘图技术

7）单击"应用"按钮 应用(A)，单击"确定"按钮 确定 ，完成背景颜色和显示精度的设置。

完成以上操作后，绘图区的颜色就变成了白色。

图 1-7 显示精度的设置

三、中望 CAD 机械版 2024 工作界面介绍

启动中望 CAD 机械版 2024 后，其初始工作界面如图 1-8 所示。该界面由"应用程序"按钮、"快速访问"工具栏、标题栏、功能区、绘图区、命令行窗口、状态栏、"机械"工具栏、"计算器"面板和"特性"面板组成。

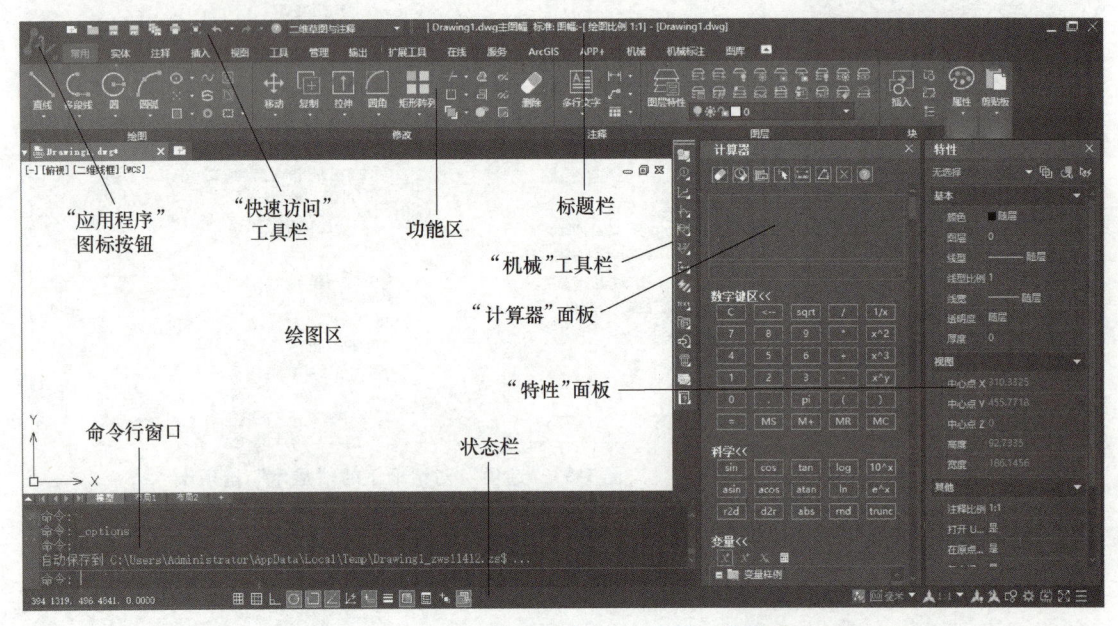

图 1-8 中望 CAD 机械版 2024 初始工作界面

1. "应用程序"按钮

"应用程序"按钮 位于工作界面的左上角，单击该按钮，将弹出"应用程序"下拉菜单，如图 1-9 所示。"应用程序"下拉菜单上方显示搜索文本框，用户可以在此输入搜索词，用于快速搜索；其左方和下方提供了文件操作的常用命令、访问"选项"对话框（单击此处也可打开图 1-5 所示的"选项"对话框）和退出应用程序的按钮；用户选择命令或单击按钮后，即可执行相应的操作。

2. "快速访问"工具栏

"快速访问"工具栏如图 1-10 所示。默认情况下其位于功能区上方，占用标题栏左侧一部分位置。"快速访问"工具栏用于存储经常访问的命令，默认命令按钮有

图 1-9 "应用程序"下拉菜单

4

"新建""打开""保存""另存为""全部保存""打印""预览""放弃""重做""帮助"和"工作空间",单击各按钮可快速调用相应命令。

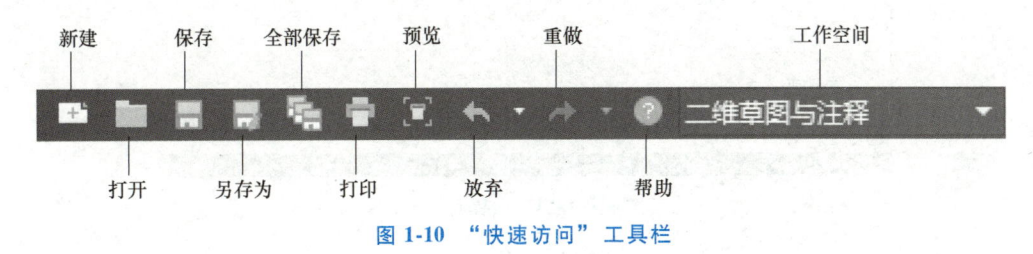

图 1-10 "快速访问"工具栏

3. 标题栏

标题栏位于工作界面的最上方,用于显示当前打开文件的名称等信息,如图 1-11 所示。如果是中望 CAD 机械版默认的图形文件,其文件名为"DrawingX.dwg"(X 是数字)。

图 1-11 标题栏

4. 功能区

在"二维草图与注释"工作空间,其功能区有"常用""实体""注释""插入""视图""工具""管理""输出""扩展工具""在线""服务""ArcGIS""APP+""机械""机械标注"和"图库"16 个选项卡,如图 1-12 所示。每个选项卡包含多组工具栏,每个工具栏又包含有多个命令按钮。

图 1-12 "二维草图与注释"工作空间的功能区

如果工具栏中某个按钮的下方或后面有三角图标按钮 ▼,则表示该按钮还包含其他的命令按钮,单击三角图标按钮,弹出下拉菜单,显示其他的命令按钮。图 1-13 所示为"直线"按钮的下拉菜单。

5. 绘图区

绘图区类似于手工绘图时的图纸,是用户使用中望 CAD 进行绘图并显示所绘图形的区域,如图 1-14 所示。绘图区实际上是无穷大的,用户可以通过"缩放"和"平移"等命令来观察绘图区的图形。

绘图区中含有坐标系和十字光标。默认情况下,左下角的坐标系为世界坐标系(WCS),十字光标的交点为当前光标的位置。

6. 命令行窗口

命令行窗口如图 1-15 所示。其位于绘图区的下方,是中望 CAD 进行人机交互、输入命令和显示相关信息与提示的区域。用户可以像改变 Windows 窗口那样来改变命令行窗口的大小,也可以将其拖动到界面的其

图 1-13 "直线"按钮的下拉菜单

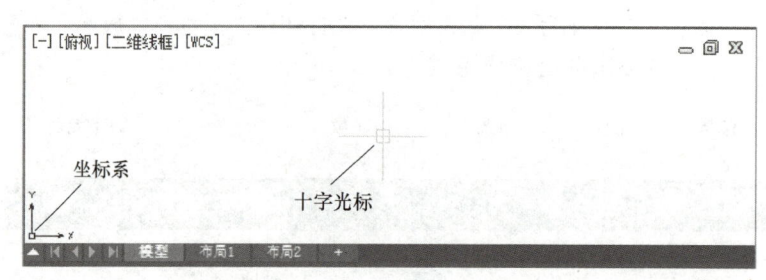

图 1-14 绘图区

他地方。

单击命令行窗口左侧的"关闭"按钮 ，可以关闭命令行窗口，按〈Ctrl+9〉键可将其重新打开。

图 1-15 命令行窗口

7. 状态栏

状态栏位于工作界面的最底端，用于显示或设置当前的绘图状态。其左侧显示当前光标在绘图区位置的坐标值，从左往右依次排列着"坐标""捕捉模式""栅格显示""正交模式""极轴追踪""对象捕捉""对象捕捉追踪""动态 UCS""动态输入""线宽""透明度""快捷特性""选择循环""模型或图纸空间""图形单位""注释比例""注释可见性""自动缩放""隔离对象""设置工作空间""图形性能"和"全屏显示"共 22 个按钮，如图 1-16 所示。用户可以单击对应的按钮使其打开或关闭。有关这些按钮的功能将在后续的练习中介绍。

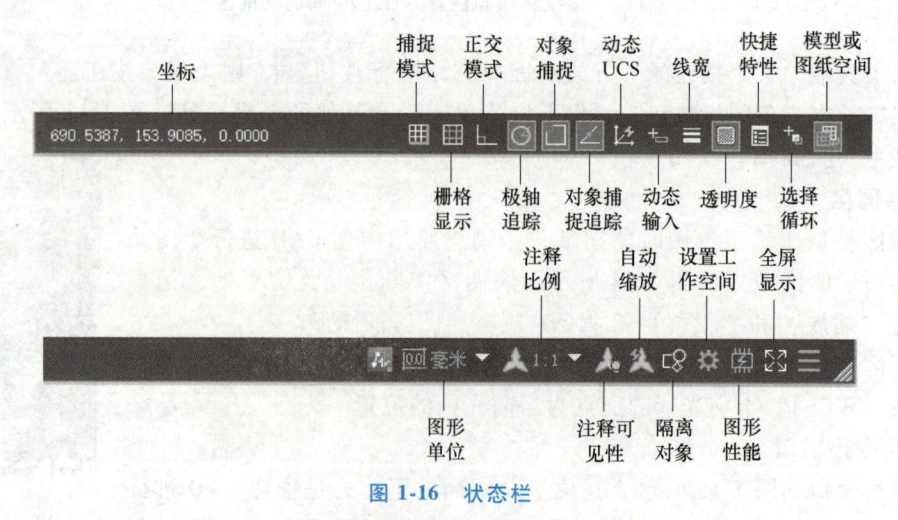

图 1-16 状态栏

单击状态栏上的"全屏显示"按钮 ，可以将功能区隐藏，仅显示标题栏和命令行窗口，使绘图区大大扩大，以方便编辑图形，如图1-17所示。

图1-17 单击"全屏显示"按钮后的界面

四、切换工作空间

中望CAD机械版2024有2个工作空间，默认状态下是"二维草图与注释"工作空间，如图1-3所示。切换工作空间有以下2种方法。

方法1

在标题栏左侧单击"快速访问"工具栏上的"工作空间"右侧的下拉箭头，弹出下拉菜单，如图1-18所示。单击"ZWCAD经典"选项，切换到"ZWCAD经典"工作空间，如图1-19所示。

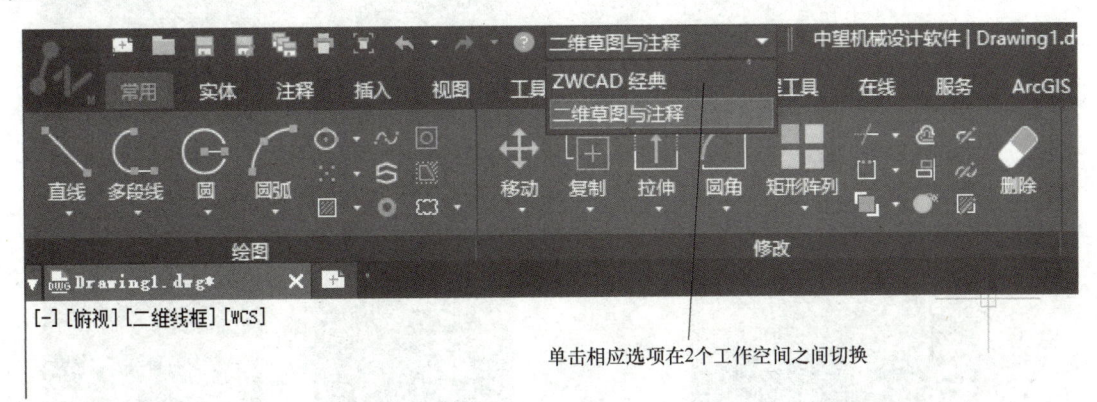

单击相应选项在2个工作空间之间切换

图1-18 "快速访问"工具栏上的"工作空间"下拉列表

方法2

1）单击状态栏上的"设置工作空间"按钮，弹出"设置工作空间"对话框，如图

7

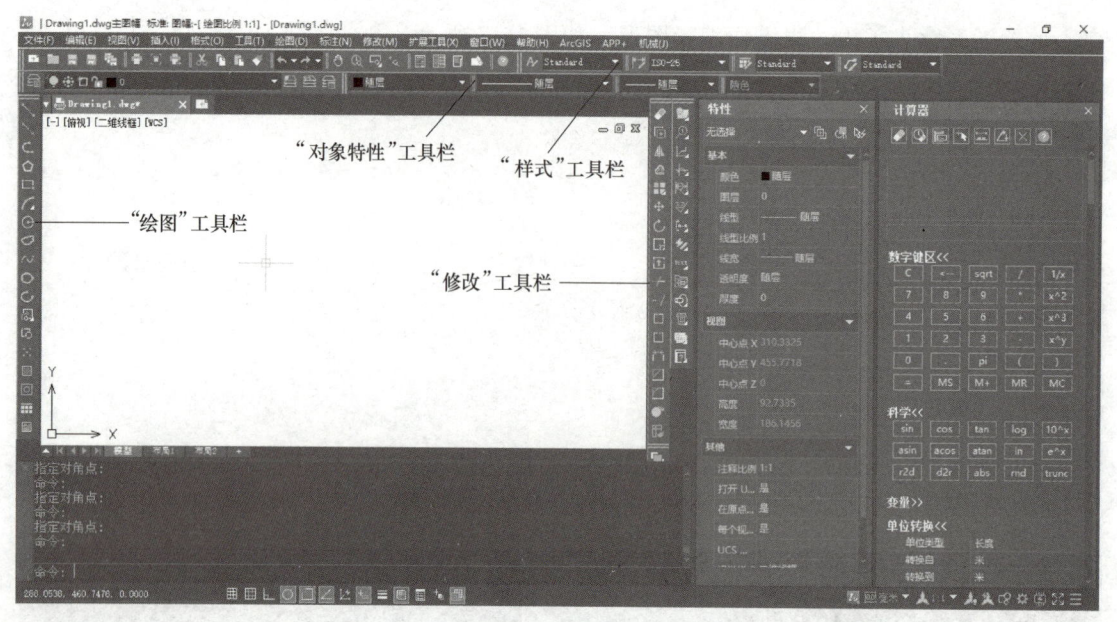

图 1-19 "ZWCAD 经典"工作空间

1-20 所示。

2）勾选"ZWCAD 经典"，切换到"ZWCAD 经典"工作空间，如图 1-19 所示。

五、绘图单位和绘图比例的设置

（1）设置绘图单位　单击状态栏上的"图形单位"按钮 [0.0 毫米 ▼]，软件默认图形单位为"毫米"，如图 1-21a 所示。因为与机械制图标准要求一致，此处不再设置。

（2）设置绘图比例　单击状态栏上的"注释比例"按钮 [1:1]，软件默认注释比例为"1∶1"，如图 1-21b 所示，暂时不用设置。

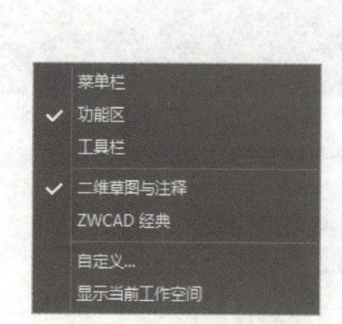

图 1-20 "设置工作空间"对话框

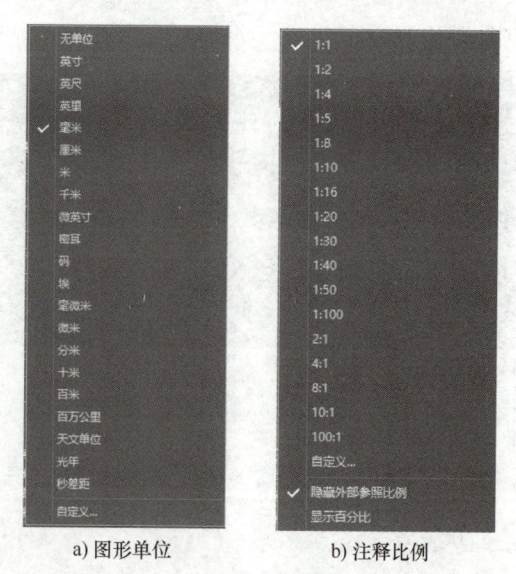

a）图形单位　　b）注释比例

图 1-21 绘图单位和绘图比例的设置

六、"计算器"面板的关闭和调出

1. 关闭"计算器"面板

单击"计算器"面板右上角的"关闭"按钮 ，关闭"计算器"面板,如图1-22所示。

单击,关闭"计算器"面板

图 1-22 关闭"计算器"面板

2. 调出"计算器"面板

方法1 在命令行输入"QC",按回车键,可调出"计算器"面板,如图1-23所示。

图 1-23 命令行输入"QC"调出"计算器"面板

方法2 按〈Ctrl+8〉键,调出"计算器"面板。注意这里的"8"是功能键"8",不是数字键"8"。

七、"特性"面板的关闭和调出

1. 关闭"特性"面板

单击"特性"面板右上角的"关闭"按钮 ,关闭"特性"面板,如图1-24所示。

单击,关闭"特性"面板

2. "特性"面板的调出

方法1:单击"工具"选项卡,在弹出的下拉菜单中选择"选项板"→"特性",调出"特性"面板,如图1-25所示。

方法2:按〈Ctrl+1〉键,调出"特性"面

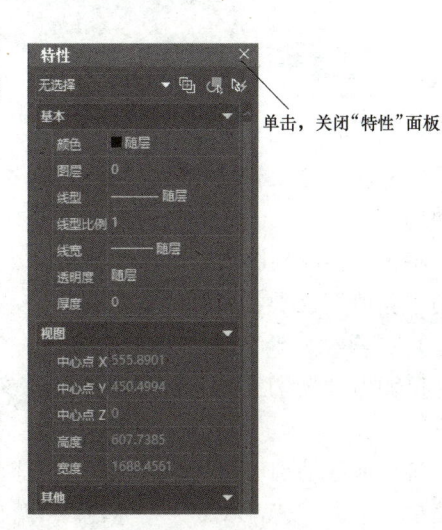

图 1-24 关闭"特性"面板

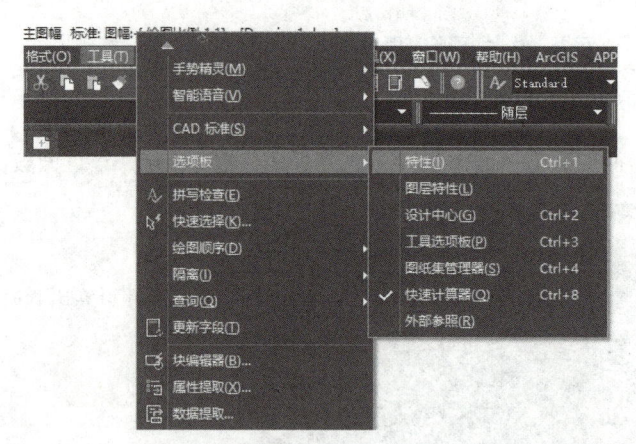

图 1-25 通过"工具"选项卡调出"特性"面板

板。注意这里的"1"是功能键"1",不是数字键"1"。

八、调整命令行窗口的大小

将鼠标移动到绘图区和命令行窗口交界处,如图 1-26 所示,按住鼠标左键上下拖动即可改变命令行窗口的大小。

图 1-26 调整命令行窗口的大小

九、工具栏的位置移动和调出

1. 工具栏的位置移动

以移动"修改"工具栏位置为例,介绍工具栏位置移动的方法。

将鼠标移动到图 1-27a 所示位置,然后按住鼠标左键拖动"修改"工具栏到所需位置即可。

2. 工具栏的调出

以调出"标注"工具栏为例,介绍工具栏调出的方法。

将鼠标移动到已有工具栏上任一图标处右击,弹出快捷菜单,单击"ZWCAD"→"标注",调出"标注"工具栏,如图 1-28 所示。

a) 鼠标位置　　b) 按住鼠标左键

图 1-27 移动工具栏的位置

图 1-28 调出"标注"工具栏

经过上面操作后,中望 CAD 机械版 2024 的工作界面如图 1-29 所示。

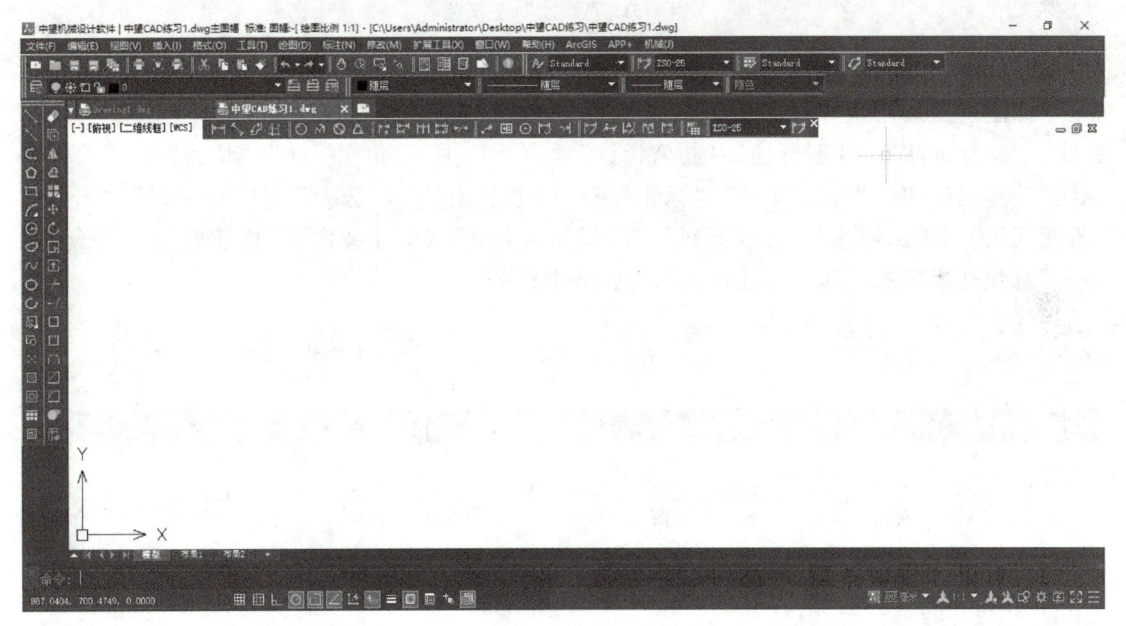

图 1-29 操作后的中望 CAD 机械版 2024 工作界面("ZWCAD 经典"工作空间)

十、认识常用的工具栏

绘图过程中常用的工具栏有"绘图"工具栏、"修改"工具栏、"标注"工具栏、"对象特性"工具栏和"样式"工具栏。

1. "绘图"工具栏

"绘图"工具栏如图 1-30 所示。"绘图"工具栏上有"直线""构造线""多段线""正多边形""矩形""圆弧""圆""修订云线""样条曲线""椭圆""椭圆弧""插入块""创建块""点""图案填充""面域""表格"和"多行文字",共 18 个命令。

11

图 1-30 "绘图"工具栏

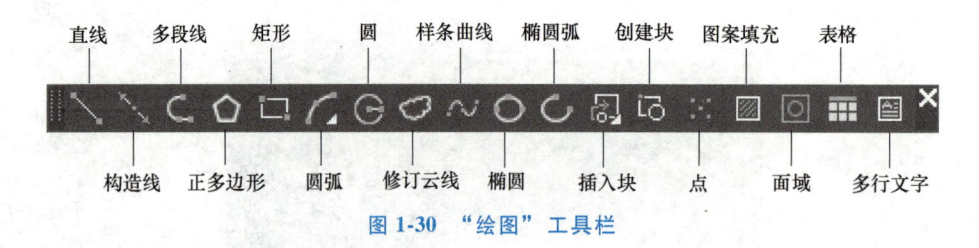

2. "修改"工具栏

"修改"工具栏如图 1-31 所示。"修改"工具栏上有"删除""复制""镜像""偏移""陈列""移动""旋转""缩放""拉伸""修剪""延伸""打断于点""打断""合并""倒角""圆角""分解"和"清理",共 18 个命令。

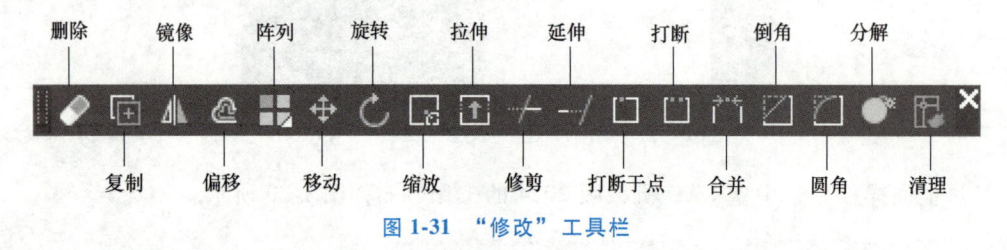

图 1-31 "修改"工具栏

3. "标注"工具栏

"标注"工具栏如图 1-32 所示。"标注"工具栏上有"线性标注""对齐标注""弧长标注""坐标标注""半径标注""折弯标注""直径标注""角度标注""快速标注""基线标注""连续标注""标注间距""标注打断""快速引线""公差""圆心标记""检验""折弯线性""编辑标注""标注倾斜""编辑标注文字""标注替代""标注更新""面积表格""标注样式控制"和"标注样式",共 26 个命令。

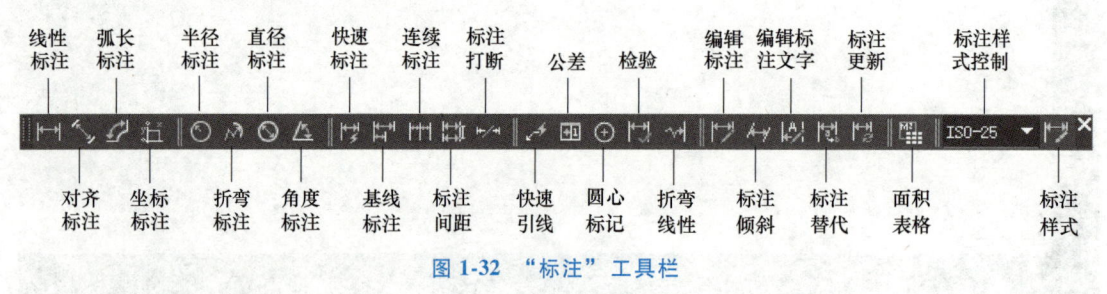

图 1-32 "标注"工具栏

4. "对象特性"工具栏

"对象特性"工具栏如图 1-33 所示。"对象特性"工具栏上的常用工具有"颜色控制""线型控制"和"线宽控制"。

图 1-33 "对象特性"工具栏

5. "样式"工具栏

"样式"工具栏如图 1-34 所示。"样式"工具栏上有"文字样式""标注样式""表格样式"和"多重引线样式"4种样式设置按钮。

图1-34 "样式"工具栏

十一、创建"长仿宋字"文字样式

创建"长仿宋字"文字样式的步骤如下。

1）在"样式"工具栏上单击"文字样式"按钮，弹出"文字样式管理器"对话框，如图1-35所示。

2）在"文字样式管理器"对话框中，单击"新建"按钮，弹出"新建文字样式"对话框，如图1-36所示。

图1-35 "文字样式管理器"对话框

图1-36 "新建文字样式"对话框

3）在"样式名称"文本框中输入"长仿宋字"。

4）单击"确定"按钮，返回到主对话框。

5）"名称"选择"仿宋"，"宽度因子"设置为"0.7"，其余设置采用默认值，如图1-37所示。

6）单击"应用"按钮，确认"长仿宋字"文字样式的设置。

十二、添加线型

添加线型的步骤如下。

图1-37 设置"长仿宋字"文字样式

1）单击"对象特性"工具栏上的"线型控制"列的下拉按钮，弹出"线型控制"下拉菜单，如图1-38所示。

2）单击"添加线型"，弹出"线型管理器"对话框，如图1-39所示。

图1-38 "线型控制"对话框

图1-39 "线型管理器"对话框

3）单击"加载"按钮 加载(L)... ，弹出"添加线型"对话框，如图1-40所示。

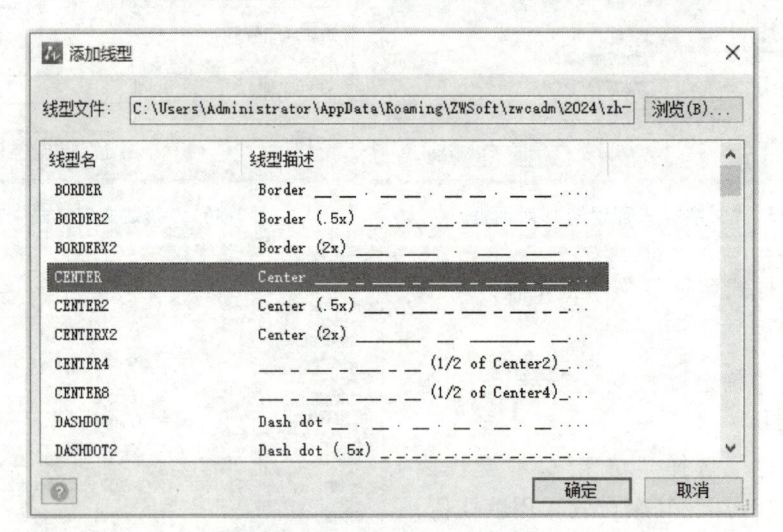

图1-40 "添加线型"对话框

4）在列表中选择"CENTER"线型，单击"确定"按钮 确定 ，返回至"线型管理器"对话框。

5）按照相同方法，继续添加"HIDDEN"线型。

6）单击"线型管理器"对话框中的"确定"按钮 确定 ，完成线型的添加。

十三、保存文件

保存文件的步骤如下。

1）单击"快速访问"工具栏上的"保存"按钮,弹出"图形另存为"对话框,如图 1-41 所示。

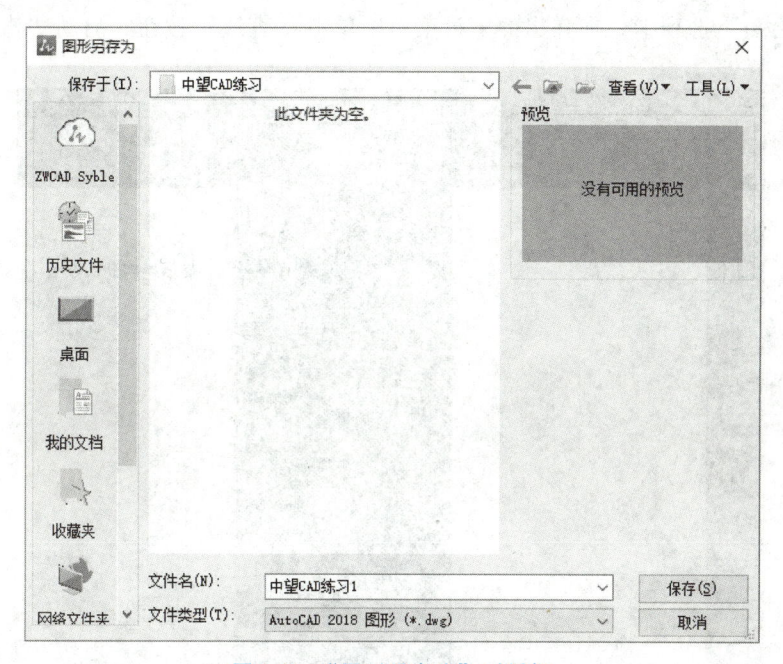

图 1-41 "图形另存为"对话框

2）在"保存于"下拉列表框中选择桌面上的"中望 CAD 练习"文件夹,在"文件名"文本框中输入"中望 CAD 练习 1",单击"保存"按钮 ,完成文件保存。

> 【温馨提示】
>
> 如果当前图形文件从未保存过,则弹出如图 1-41 所示的"图形另存为"对话框。在"保存于"下拉列表框中可以指定文件保存的路径;在"文件名"文本框中输入文件名;"文件类型"下拉列表框中选择文件的保存格式或版本。如果当前图形文件曾经保存过,则系统将直接使用当前图形文件名保存在原路径下,不需要再进行其他操作。
>
> 用户应养成随时保存的习惯,特别是在绘制大型图形时,应及时保存数据,避免因意外而造成不必要的损失。

任务 3　启动和响应命令的方法

一、启动命令的方法

中望 CAD 机械版 2024 提供了多种方法来启动同一命令,下面以启动"直线"命令为例介绍常用的 3 种启动方法（在"ZWCAD 经典"工作空间中）。

1. 工具栏启动命令

单击"绘图"工具栏上的"直线"按钮，启动"直线"命令，如图 1-42 所示。

2. 命令行启动命令

在命令行中输入命令名"LINE"，按〈Enter〉键，启动"直线"命令。

3. 菜单栏启动命令

单击"绘图"选项卡，在弹出的下拉菜单中单击"直线"按钮，启动"直线"命令。

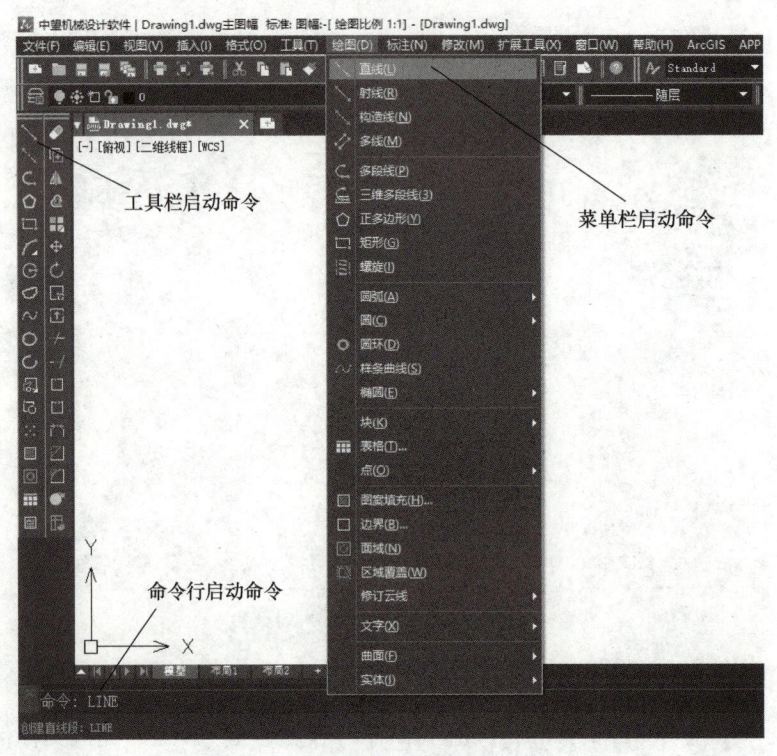

图 1-42 启动命令的 3 种方法

二、响应命令的方法

在中望 CAD 机械版 2024 中，提供了"在绘图区操作"和"在命令行操作"2 种响应命令的方法。以单击"绘图"工具栏上的"直线"按钮，指定直线的第 1 个点为例，分别介绍这 2 种响应命令的方法。

1. 在绘图区操作

修改图 1-43 中的数值"-119.5023"和"250.9777"，即可指定直线的第 1 个点。若直线的第 1 个点无具体位置要求，单击绘图区上任一点即可。

2. 在命令行操作

在命令行中输入数值，也可指定直线的第 1 个点。

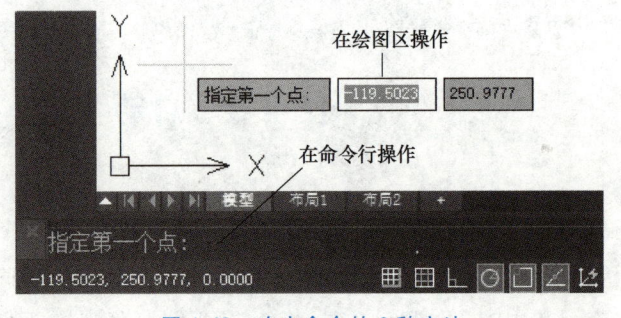

图 1-43 响应命令的 2 种方法

任务4　命令的放弃、重做、中止与重复执行

一、命令的放弃

单击"快速访问"工具栏上的"放弃"按钮 ⬅，可以实现从最后一个命令开始，逐一取消前面已经执行的命令。

二、命令的重做

单击"快速访问"工具栏上的"重做"按钮 ➡，可以恢复刚执行"放弃"命令所放弃的操作。

三、命令的中止

按〈Esc〉键，即可中断正在执行的命令，回到等待命令的状态。

四、命令的重复执行

"重复执行"命令可将刚执行完的命令再次调用，操作方法有如下2种。

1）按回车键，刚执行完的命令可再次调用。
2）在绘图区右击，弹出快捷菜单，选择"重复×××"（×××表示命令），如图1-44所示。

图1-44　重复命令

任务5　设置图层

一、图层

中望CAD的图层相当于完全重叠在一起的透明纸，它的每层都可有任意的颜色、线型和线宽等属性。用户可以选择在其中一个图层上进行绘制，而不受其他图层的影响。

绘制各种工程图样时，为了便于修改、操作，通常把同一张图样中相同属性的内容放在同一个图层中，不同的内容放在不同的图层中。例如，在机械制图中，可以将粗实线、细实线、点画线、尺寸线等放在不同的图层中绘制，并用不同的颜色来表示。

二、创建图层

以在"ZWCAD经典"工作空间中创建4个图层为例（粗实线、细实线、虚线、细点画线），介绍图层的创建步骤。

1）单击"图层"工具栏上的"图层特性管理器"按钮 ⛁，弹出"图层特性管理器"对话框，如图1-45所示。

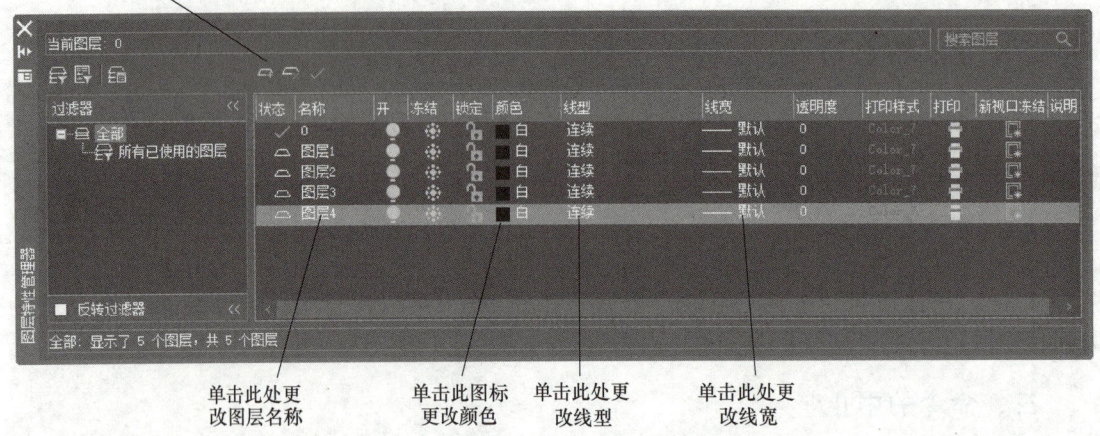

图 1-45 "图层特性管理器"对话框

2）单击"图层特性管理器"对话框中图层名称处，将"名称"分别修改为"粗实线""细点画线""细实线"和"虚线"。

3）单击"图层特性管理器"对话框中颜色更改图标，弹出"选择颜色"对话框，如图 1-46 所示，依次将粗实线层设为蓝色，细点画线层设为红色，细实线层设为绿色，虚线层设为黄色。

4）单击"图层特性管理器"对话框中"线型"列的各线型名称，弹出"线型管理器"对话框，如图 1-47 所示，依次将粗实线层线型设为"连续"细点画线层线型设为"CENTER"，细实线层线型设为"连续"，虚线层线型选择"HIDDEN"。

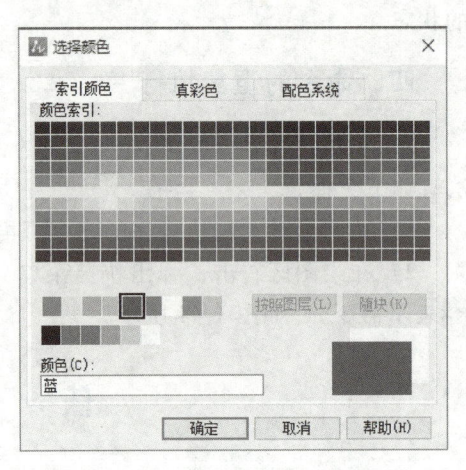

图 1-46 "选择颜色"对话框

图 1-47 "线型管理器"对话框

5) 单击"图层特性管理器"对话框中"线宽"列的图标,弹出"线宽"对话框,如图 1-48 所示。依次地,将粗实线层线宽选择"0.30mm",将细点画线层、细实线层、虚线层的线宽选择"0.25mm"。

创建的图层如图 1-49 所示。

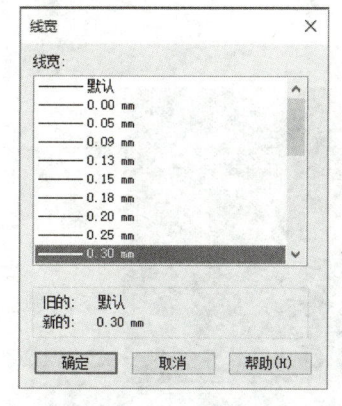

图 1-48 "线宽"对话框

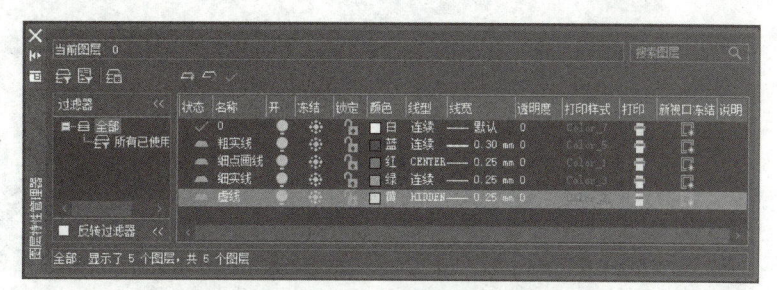

图 1-49 创建的图层

三、图层状态

"图层"工具栏如图 1-50 所示。

图 1-50 "图层"工具栏

（1）开/关状态　单击"图层"工具栏上的小灯泡图标，可以打开或关闭图层，以控制图层上图形对象的可见性。在打开状态下，小灯泡图标的颜色为黄色，可以显示图层上的对象，也可以通过输出设备打印。在关闭状态下，小灯泡图标的颜色为蓝色，此时无法显示图层上的对象，也不能打印输出。

（2）冻结/解冻状态　单击冻结/解冻对应的图标，可以冻结或解冻图层。图层被冻结时，图标显示为蓝色，此时图层上的对象无法显示、打印输出和编辑修改。图层被解冻时，图标显示为黄色，此时图层上的对象可以显示、打印输出和编辑修改。

（3）锁定/解锁状态　单击锁定/解锁对应的图标，可以锁定或解锁图层，以控制图层上的图形对象能否被编辑修改。当图层被锁定时，显示图标，此时图层上的图形仍能显示，但无法编辑修改；当图层解锁时，显示图标，此时图层上的对象能被编辑修改。

四、图层的删除和当前图层的设置

（1）图层的删除　单击"图层"工具栏上的"图层特性管理器"按钮 ，弹出"图层特性管理器"对话框。选择要删除的图层，再单击"删除"按钮 ，即可删除选择的图层，如图 1-51 所示。

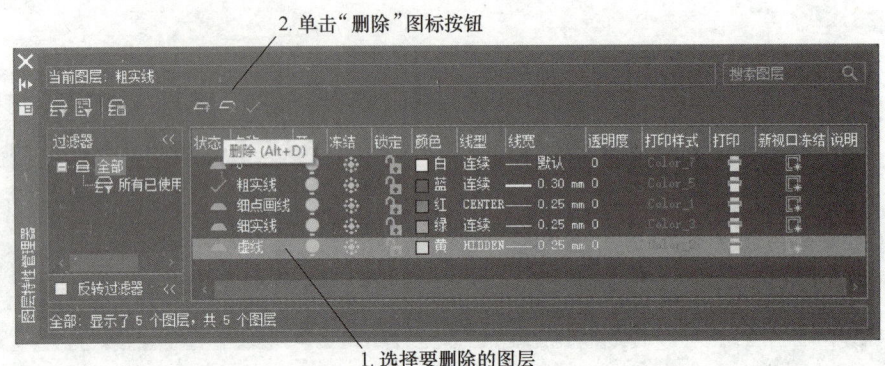

图 1-51　删除图层

（2）当前图层的设置　单击"图层"工具栏上的"图层控制"下拉按钮，打开图层列表，选择要设为当前图层的图层，如图 1-52 所示。

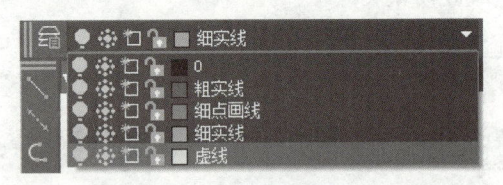

图 1-52　设置当前图层

操作练习

1）在计算机桌面新建一个名称为"中望 CAD 练习"的文件夹。

2）完成下面操作，并保存文件至"中望 CAD 练习"文件夹中，文件名称为"中望 CAD 练习 1"。

将中望 CAD 机械版 2024 绘图区的背景颜色设置成白色；显示精度按照图 1-53 设置；切换工作空间为"ZWCAD 经典"；添加线型"CENTER"和"HIDDEN"；关闭"计算器"面板、"特性"面板和"机械"工具栏；调整命令行窗口大小为一行；调出"标注"工具栏；创建"长仿宋字"文字样式。

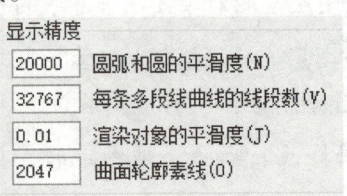

图 1-53　显示精度

项目2

绘制简单的二维图形

学习目标

1. 练习"正交""直线""偏移""修剪""删除""打断于点""特性匹配""多行文字""复制""镜像""旋转""分解""倒角"和"圆角"等命令的使用。
2. 能按机械制图相关国家标准规定进行尺寸标注。

素养目标

培养严谨认真、精益求精的工作作风,争做大国工匠和高技能人才。

案例示范

任务1 打开和另存为文件

一、打开文件

打开项目1保存的"中望CAD练习1"文件,操作步骤如下。

1)单击"快速访问"工具栏上的"打开"按钮,弹出"选择文件"对话框,如图2-1所示。

2)"查找范围"为桌面上的"中望CAD练习"文件夹,选择"中望CAD练习1"文件,单击"打开"按钮,打开文件。

二、另存为文件

将"中望CAD练习1"文件另存为"中望CAD练习2"文件,操作

图2-1 打开"中望CAD练习1"文件

步骤如下。

1）单击"快速访问"工具栏上的"另存为"按钮 ![], 弹出"图形另存为"对话框, 如图 2-2 所示。

2）修改文件名为"中望CAD练习2", 单击"保存"按钮 保存(S), 保存文件。

图 2-2 "图形另存为"对话框

任务 2 绘制带标题栏的 A4 图纸

一、带标题栏的 A4 图纸

带标题栏的 A4 图纸如图 2-3 所示。

分析：该图形中的直线互相平行或互相垂直，绘图过程中可打开"正交模式"，先绘制纸边界线，再绘制图框线，然后绘制标题栏图框，最后输入标题栏文字。

二、绘制纸边界线

绘制纸边界线的步骤如下。

1）单击"线宽控制"的下拉按钮 ![], 打开"线宽控制"下拉列表框, 如图 2-4 所示, 选择"0.25mm", 完成线宽设置。

2）单击状态栏上的"正交模式"按钮 ![], 使其呈下凹状态, 打开"正交模式"。

3）右击状态栏上的"对象捕捉"按钮 ![], 弹出快捷菜单, 选择"设置"项, 弹出"草图设置"对话框, 选择"对象捕捉"选项卡, 如图 2-5 所示, 勾选"启用对象捕捉"和"启用对象捕捉追踪", 在"对象捕捉模式"栏中单击"全部选择"按钮 全部选择, 完成后单击"确定"按钮 确定。

项目2　绘制简单的二维图形

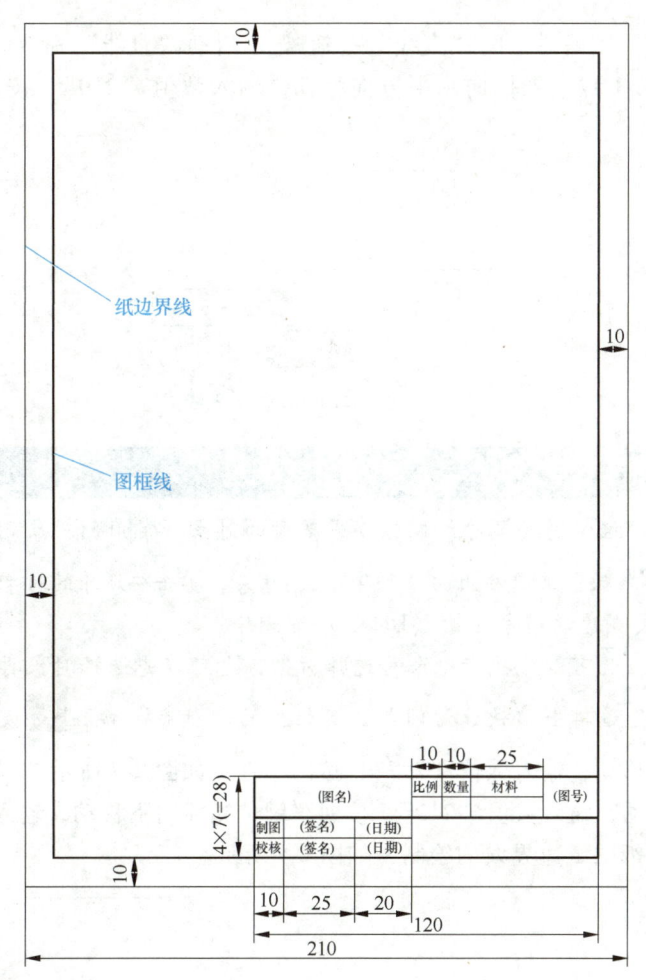

图 2-3　带标题栏的 A4 图纸

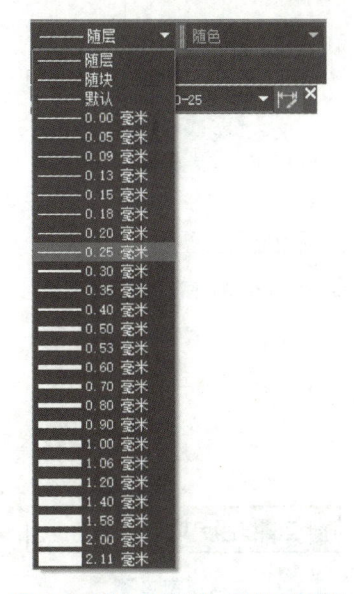

图 2-4　"线宽控制"下拉列表框

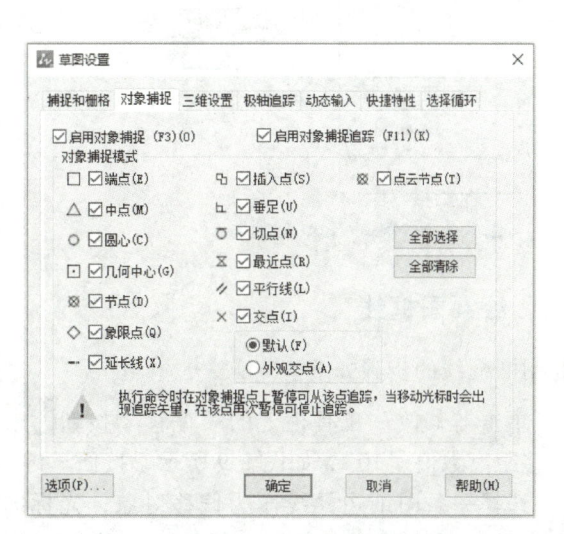

图 2-5　设置对象捕捉模式，启用对象捕捉和对象捕捉追踪

23

4）单击"绘图"工具栏上的"直线"按钮，启动"直线"命令。在绘图区任意位置单击，指定直线第 1 点，光标向水平方向移动，输入数值"210"，按回车键，如图 2-6 所示。

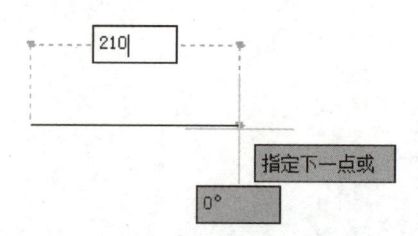

图 2-6 绘制 210mm 的水平线

【温馨提示】

在绘图过程中，经常需要删除绘制错误或多于的对象，常用的对象删除方法如下。

方法 1：单击"修改"工具栏上的"删除"按钮，单击要删除的对象，按回车键删除。

方法 2：单击要删除的对象，按〈Delete〉键删除。

在删除对象时，既可以先执行命令再选择对象，也可以先选择对象再执行命令。上一步删除的对象，可通过单击"快速访问"工具栏上的"放弃"按钮恢复。

5）光标向上方移动，输入数值"297"，按回车键，如图 2-7 所示。

6）光标向左移动，输入数值"210"，按回车键。光标向下移动，输入数值"297"，按回车键。完成 A4 图纸的纸边界线的绘制，如图 2-8 所示。

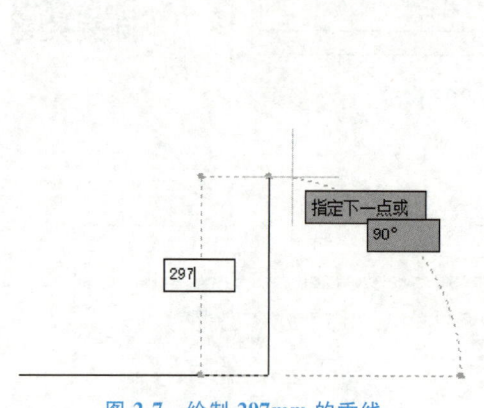

图 2-7 绘制 297mm 的垂线

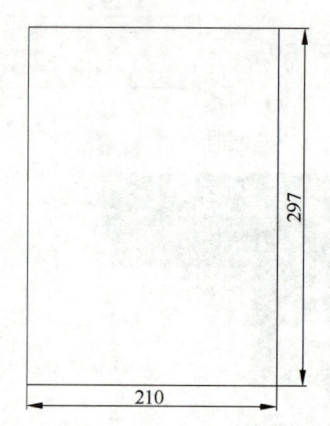

图 2-8 210mm×297mm A4 图纸的纸边界线

三、绘制图框线

绘制图框线的步骤如下。

1）单击"修改"工具栏上的"偏移"按钮，输入偏移距离数值"10"，如图 2-9 所示，按回车键。

2）选择一条图纸边界线作为偏移对象，光标向偏移方向移动，然后单击鼠标。另外 3 条线同样操

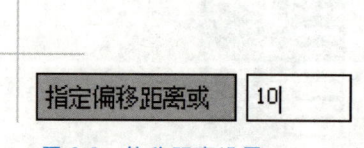

图 2-9 偏移距离设置

作，完成后右击选择"确认"，结果如图 2-10 所示。

3）单击"修改"工具栏上的"修剪"按钮，单击要修剪的线段，完成后右击。修剪不要的部分，右击选择"确认"，修剪后的图框线如图 2-11 所示。

图 2-10　偏移图纸边界线

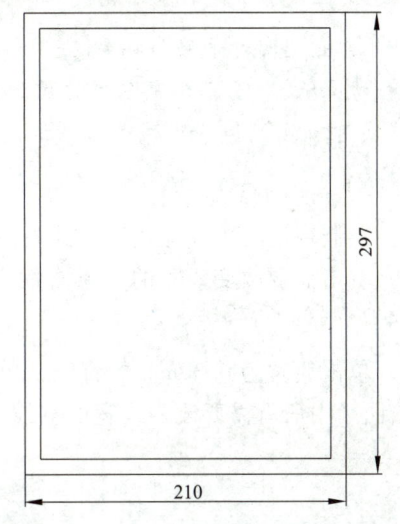

图 2-11　修剪图框线

【温馨提示】

修剪操作视软件情况而定，有的启用"修剪"命令后，直接单击修剪不要的部分即可；有的启用"修剪"命令后，要先确定以什么作为参照去修剪，然后才能单击修剪不要的部分。

四、绘制标题栏图框

绘制标题栏图框的步骤如下。

1）单击"绘图"工具栏上的"直线"按钮，启动"直线"命令。指定直线第 1 点为图框线右下角交点，光标向左移动，输入数值"120"，按回车键，如图 2-12 所示。

2）光标向上方移动，输入数值"28"，按回车键。光标往右移动至图框线，单击交点"垂足"，右击选择"确认"。

3）单击"修改"工具栏上的"删除"按钮，选择步骤 1）绘制的直线（120mm），按回车键删除。

4）单击"修改"工具栏上的"打断于点"按钮，选取 28mm 直线，指定第一切断点为 28mm 直线中点，把 28mm 直线分成两段。重复操作将 28mm 直线分成 4 段（这步也可采用"定数等分对象"的方法，将 28mm 直线分成 4 段，后面有介绍）。

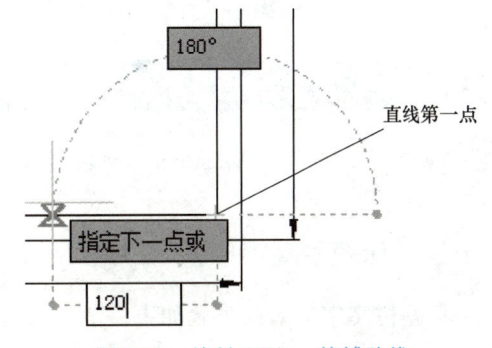

图 2-12　绘制 120mm 的辅助线

【温馨提示】

① 绘图过程中，滚动鼠标中间的滚动轮可放大或缩小图形。

② 按住鼠标中间的滚动轮并移动光标可以实现图形平移。

③ 单击"实时平移"按钮 ✋，在绘图区中按住鼠标左键也可移动图形（类似于在桌面上移动图纸），而不改变图形的显示大小。

"实时缩放"和"实时平移"这两个命令经常结合起来使用，可使图形观察起来非常方便。

5）绘制标题栏中其他直线，此处不再重复，完成后的标题栏图框如图 2-13 所示。

6）双击需要改变线宽的一条直线，弹出"直线"特性面板，线宽设置为 0.30mm，如图 2-14 所示。

7）单击线宽为 0.30mm 的直线，单击"快速访问"工具栏上的"特性匹配"按钮 ◆，单击绘图区中所有需要改变线宽的直线，右击选择"确认"，完成后如图 2-15 所示。

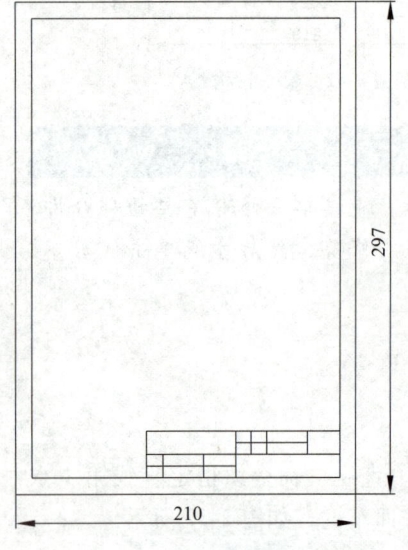

图 2-13　标题栏图框　　　图 2-14　"直线"特性面板　　　图 2-15　改变直线的线宽

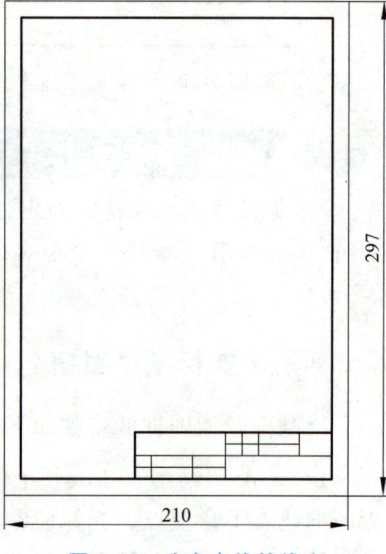

【温馨提示】

粗实线线宽设为 0.30mm，细实线线宽设为 0.25mm，与打印有关。

五、标题栏文字输入

标题栏文字输入的步骤如下。

1）单击"绘图"工具栏上的"多行文字"按钮 ，指定第 1 个角点为要输入文字框的左下角，指定对角点为要输入文字框的右上角，弹出"文本格式"对话框，如图 2-16 所示。

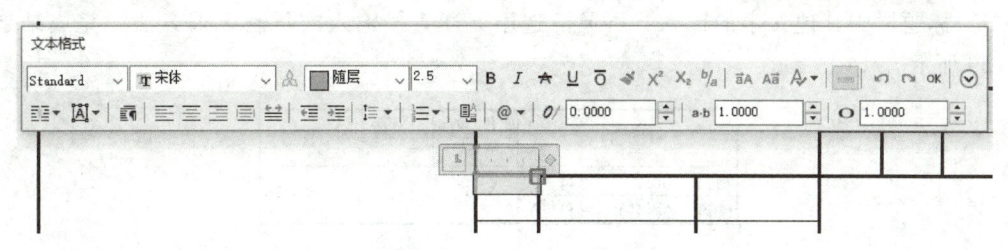

图 2-16 "文本格式"对话框

2）在"文本格式"对话框中，字体选择"仿宋"，颜色选择黑色，文字高度为"3"，多行文字对正选择"正中"，宽度因子为"0.7"，输入文字为"制图"，如图 2-17 所示。设置完成后，单击按钮 OK，完成文字"制图"的输入。

图 2-17 输入文字"制图"

3）单击"修改"工具栏上的"复制"按钮，单击复制对象"制图"，右击选择"确认"，指定基点为"制图"框的左下角，指定第二个点为要输入框的左下角，按回车键，如图 2-18 所示。

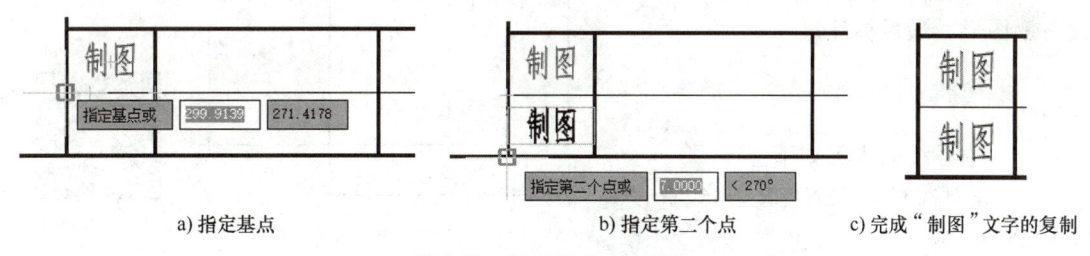

a）指定基点　　　　　　　b）指定第二个点　　　　c）完成"制图"文字的复制

图 2-18 复制文字"制图"

4）双击复制的文字"制图"，弹出"文本格式"对话框，修改"制图"为"校核"，单击按钮 OK，完成文字"校核"的输入，如图 2-19 所示。

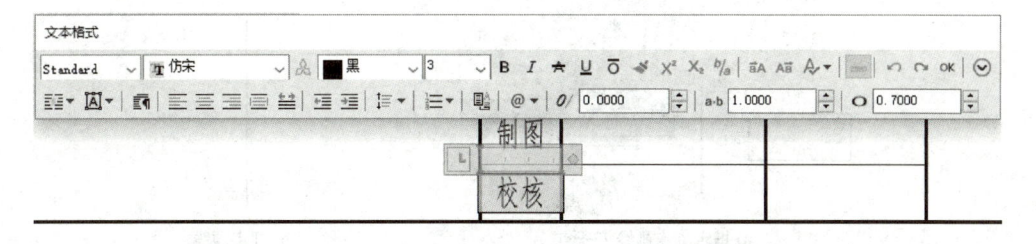

图 2-19 输入文字"校核"

5）标题栏中其他文字的输入，可灵活选用上述直接输入或复制 2 种方法，完成结果如图 2-20 所示。

图 2-20　标题栏文字

六、保存文件

保存为"中望 CAD 练习 2"文件，退出本次练习。

任务 3　绘制简单的直线图形

一、新建"中望 CAD 练习 3"文件

打开"中望 CAD 练习 1"文件，另存为"中望 CAD 练习 3"文件。

二、简单的直线图形

简单的直线图形的草图，如图 2-21 所示。

分析：该图形左右对称，且只有两处斜线段。可先绘制中心线，再绘制中心线左侧图形，然后使用镜像命令绘制出中心线右侧图形，最后标注尺寸。

三、绘制中心线

绘制中心线的步骤如下。

1）线型选择"CENTER"，线宽设置为 0.25mm，打开"正交模式"。

2）单击"绘图"工具栏上的"直线"按钮，启动"直线"命令。在绘图区任意位置单击，指定直线第 1 点，光标向上方移动，输入数值"35"，按回车键，如图 2-22 所示。

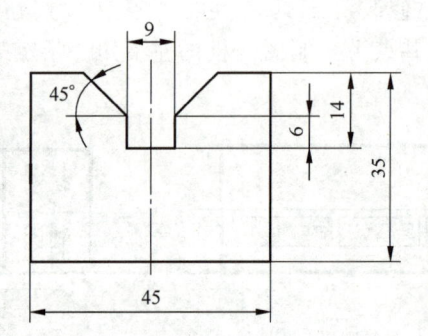

图 2-21　简单的直线图形

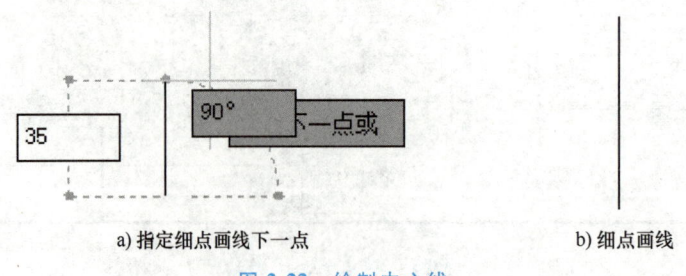

a) 指定细点画线下一点　　　b) 细点画线

图 2-22　绘制中心线

3）图 2-22 中绘制的细点画线像细实线，可双击绘制的中心线，打开"直线"特性面板，如图 2-23 所示。"线型比例"设为"0.3"，按回车键，结果如图 2-24 所示。

图 2-23　"直线"特性面板

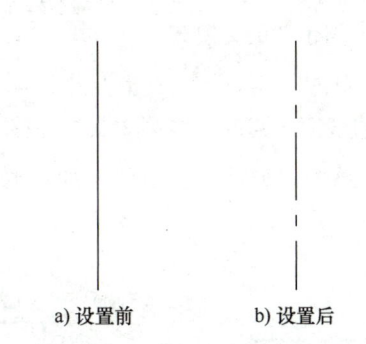

图 2-24　设置中心线的线型比例
a) 设置前　　b) 设置后

四、绘制左侧部分图形

绘制左侧部分图形的步骤如下。

1）线型选择"随层"，线宽设置为 0.30mm，如图 2-25 所示。

2）单击"绘图"工具栏上的"直线"按钮，启动"直线"命令，指定直线第一点为中心线下端点，光标向左移动，输入数值"22.5"，按回车键，如图 2-26 所示。

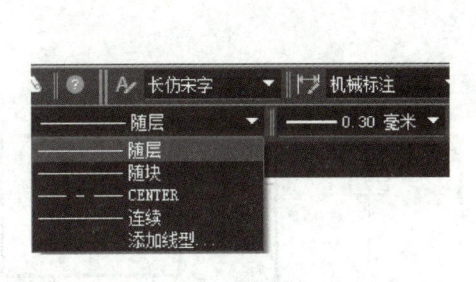

图 2-25　设置线型和线宽

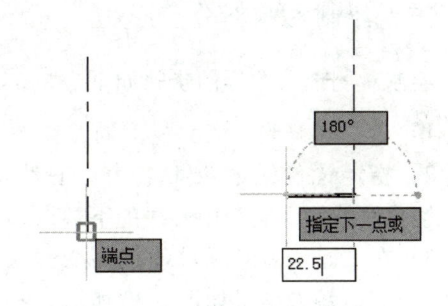

图 2-26　绘制图形下方左水平线

3）光标向上方移动，输入数值"35"，按回车键。然后光标向右移动至中心线端点，单击端点，右击选择"确认"，结果如图 2-27 所示。

4）绘制 2 条辅助线，如图 2-28 所示。

图 2-27　绘制左侧图框线

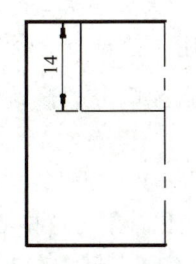

图 2-28　绘制辅助线

5）线型选择"随层",线宽设置为0.30mm。单击"绘图"工具栏上的"直线"按钮,启动"直线"命令。指定水平辅助线的右端点为直线第1点,光标向左移动,输入数值"4.5",按回车键。光标向上移动,输入数值"6",按回车键。删除两条辅助线,结果如图2-29所示。此步骤的两条粗实线也可采用先偏移,然后修剪直线多余部分的方法完成。

6）关闭"正交模式"。

7）单击"绘图"工具栏上的"直线"按钮,启动"直线"命令。指定图2-30所示的位置为直线第1点和直线第2点,并移动光标保证图中夹角为135°,绘制出槽的斜线部分。

8）单击"修改"工具栏上的"修剪"按钮,修剪直线多余部分,如图2-31所示。

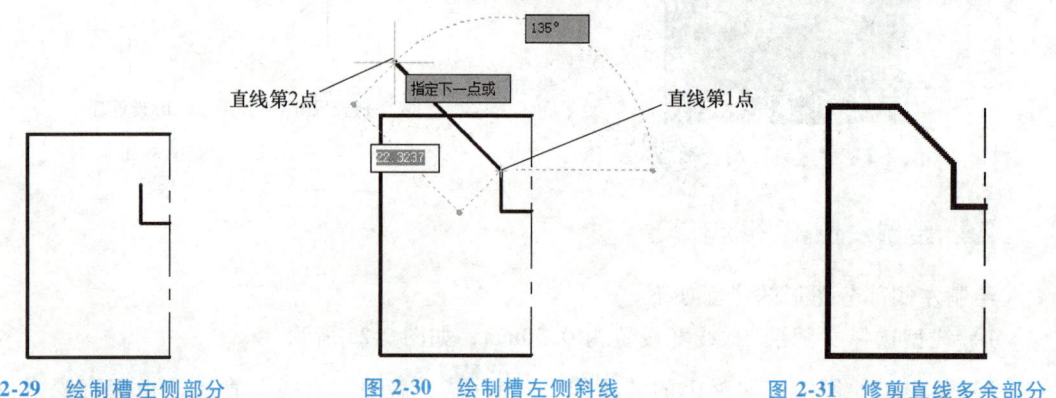

图2-29 绘制槽左侧部分　　　图2-30 绘制槽左侧斜线　　　图2-31 修剪直线多余部分

五、绘制右侧部分图形

绘制右侧部分图形的步骤如下。

1）单击"修改"工具栏上的"镜像"按钮,选择要镜像的5条直线,然后右击。

2）指定镜像线的第1点为中心线的上端点,镜像线的第2点为中心线的下端点。

3）在"是否删除源对象？"命令提示框中,选择"否"。镜像结果如图2-32所示。

六、延长中心线

机械制图规定：中心线超出轮廓线的长度为2~3mm（此处取2.5mm）。延长中心线的方法主要有拉长和夹点编辑2种,可根据自己的习惯选用。

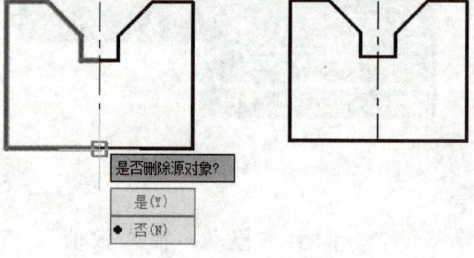

图2-32 镜像图形左侧部分

方法1　用"拉长"命令延长中心线下端2.5mm

1）在功能区单击"修改",单击"拉长"按钮,启动"拉长"命令,如图2-33所示。

2）命令行输入"dy",按回车键,如图2-34所示。

3）选取变化对象为"中心线",光标向下方移动,指定新端点,输入数值"2.5",如图2-35所示。按回车键,右击选择"确认",结果如图2-36所示。

图 2-33 启动"拉长"命令

图 2-34 命令行输入"dy"

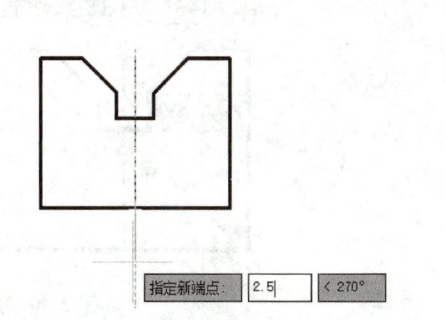

图 2-35 输入延长数值"2.5"

方法2 用"夹点编辑"延长中心线上端 2.5mm

1)对象的夹点。对象的夹点就是对象本身的一些特殊点。如图 2-37 所示,直线段的夹点是两个端点和中点;圆弧段的夹点是两个端点、中点和圆心;圆的夹点是圆心和4个象限点;椭圆的夹点是椭圆心和椭圆长、端轴的端点。

2)单击中心线,中心线上会出现3个夹点,默认显示为蓝色,如图 2-38 所示。

3)单击中心线上面的那个夹点,则这个夹点被激活,默认显示为红色,如图 2-39 所示。被激活的夹点,能完成拉伸、移动、旋转、比例缩放、镜像5种编辑模式操作,相应的提示顺序为:拉伸、移动、旋转、比例缩放、镜像。

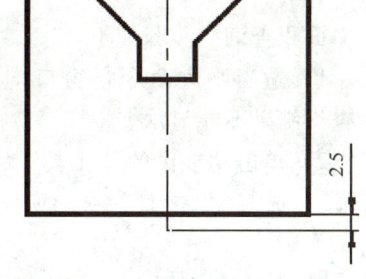

图 2-36 中心线下端延长 2.5mm

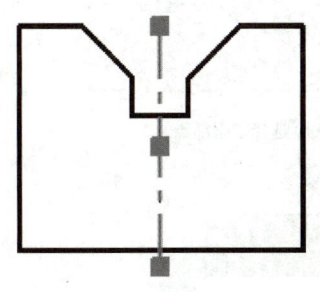

图 2-37 对象的夹点

图 2-38 中心线的夹点

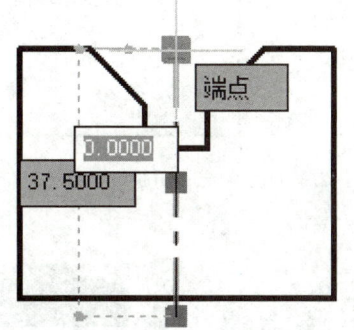

图 2-39 激活夹点显示为红色

4）光标向上方移动，输入数值"2.5"，按回车键，结果如图 2-40 所示。

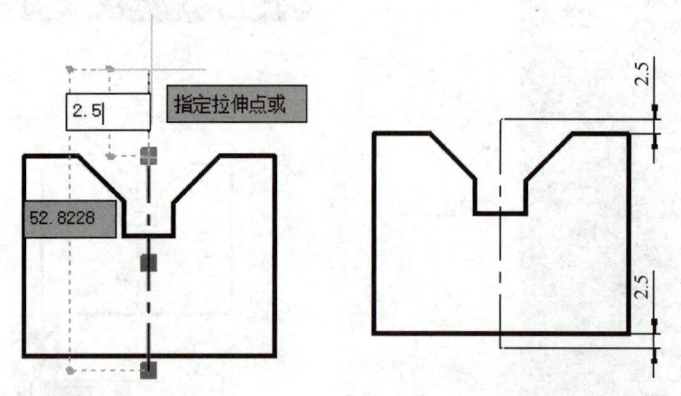

图 2-40 延长中心线上端 2.5mm

七、面积查询

面积查询的步骤如下。

1）适当调大命令行窗口，命令行窗口小了查询结果不能显示。

2）单击功能区的"工具"，在弹出的下拉菜单中选择"查询"→"面积"，如图 2-41 所示。

3）依次单击图 2-42 中的 1、2、3、4、5、6、7、8、9 和 10 点，右击选择"确认"。

4）命令行窗口显示查询的面积和周长，如图 2-43 所示。

八、创建"机械标注"父样式

创建"机械标注"父样式的步骤如下。

图 2-41 启动"面积"查询

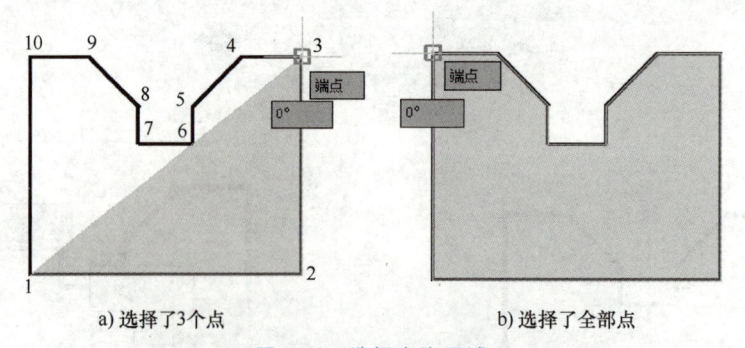

a) 选择了3个点   b) 选择了全部点

图 2-42 选择查询区域

图 2-43 查询结果

1）单击"样式"工具栏上的"标注样式"按钮，弹出"标注样式管理器"对话框，如图 2-44 所示。

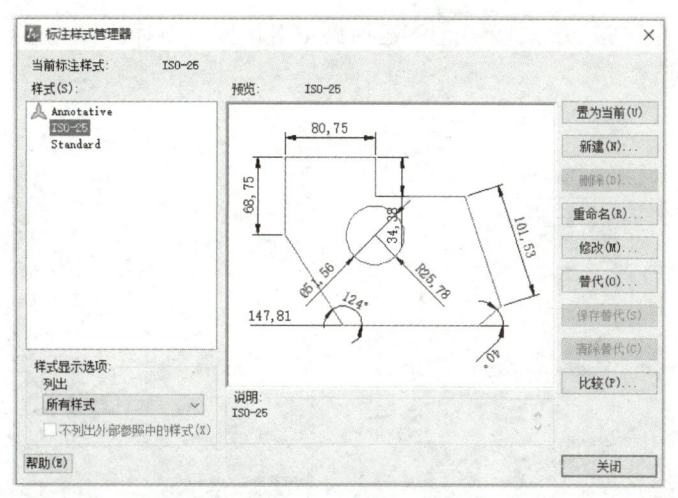

图 2-44 "标注样式管理器"对话框

2）在"标注样式管理器"对话框中，单击"新建"按钮，弹出"新建标注样式"对话框，如图 2-45 所示。

3）在"新样式名"文本框中输入"机械标注"，在"基本样式"下拉列表框中选择"ISO-25"，在"用于"下拉列表框中选择"所有标注"，如图 2-45 所示。

4）单击"继续"按钮，弹出"新建标注样式：机械标注"对话框，如图 2-46 所示。"文字外观"栏中，"文字样式"选择"长仿宋字"，"文字高度"设置为"3"；"文字位置"栏中，"文字垂直偏移"设置为"1"。

图 2-45 "新建标注样式"对话框

5）单击"标注线"选项卡，在"尺寸线"栏中，将"基线间距"设置为"8"；"尺寸界线偏移"栏中，将"原点"设置为"0"，"尺寸线"设置为"2"，如图 2-47 所示。

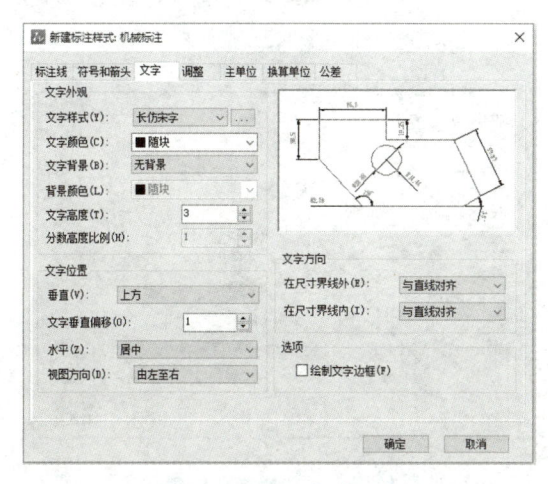

图 2-46 "文字"选项卡

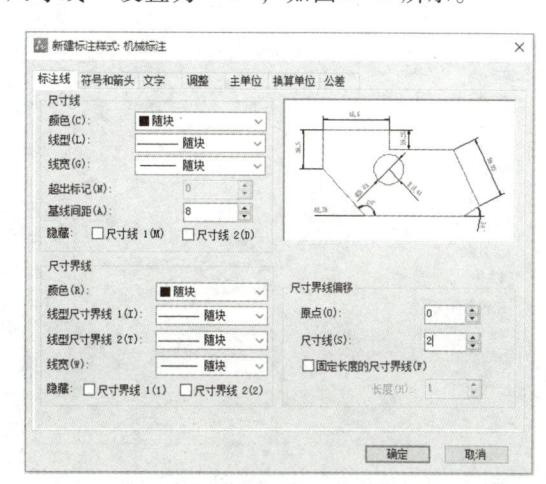

图 2-47 "标注线"选项卡

6)单击"符号和箭头"选项卡,"箭头"栏中,将"箭头大小"设置为"3";"圆心标记"栏中,将"标记大小"设置为"3",如图 2-48 所示。

7)单击"确定"按钮 确定 ,返回到主对话框,新标注样式显示在"样式"列表框中,如图 2-49 所示。

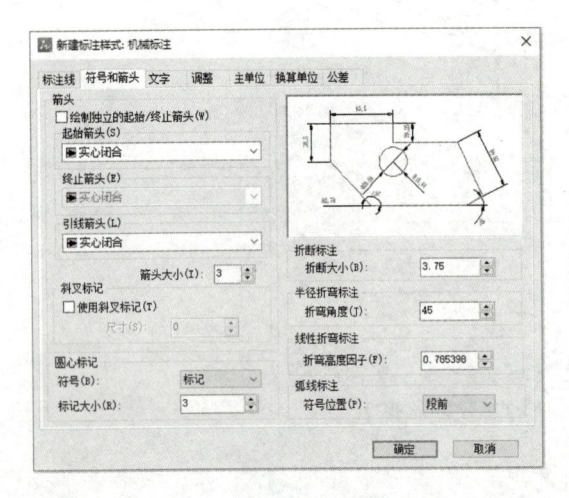

图 2-48 "符号和箭头"选项卡

图 2-49 "机械标注"父样式创建完成

尺寸标注过程中可能会遇到的其他设置如下。

1)修改标注样式中的设置。用户可以在图 2-46 所示的"标注样式管理器"对话框中单击"修改"按钮 修改(M)... ,系统将弹出"修改标注样式:×××"对话框(×××为样式名)。如图 2-50 所示,样式名为"机械标注",可修改机械标注样式中的设置。

2)设置临时的尺寸标注样式。在"标注样式管理器"对话框中单击"替代"按钮 替代(O)... ,系统将弹出"替代当前标注样式:×××"对话框,如图 2-51 所示,设置临时的尺寸标注样式,用来替代当前尺寸标注样式的相应设置。

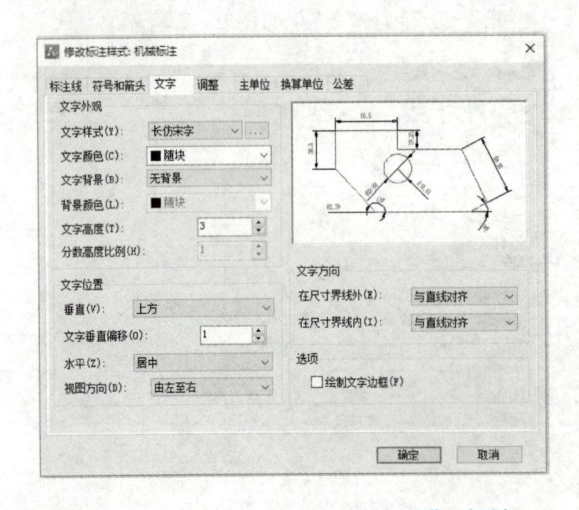

图 2-50 "修改标注样式:机械标注"对话框

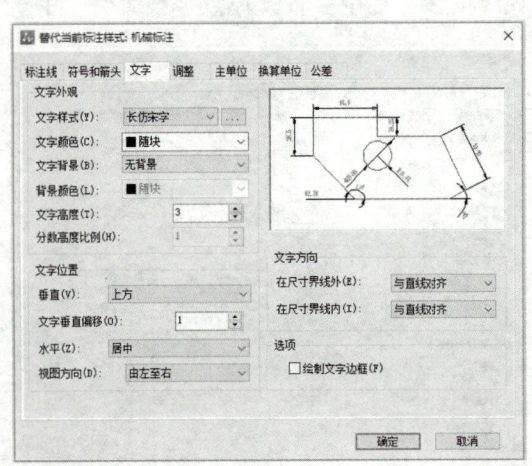

图 2-51 "替代当前标注样式:机械标注"对话框

九、尺寸标注

尺寸标注方法很简单，只需指定尺寸界线的两点或选择要标注尺寸的对象，再指定尺寸线的位置即可。

尺寸标注步骤如下。

1）单击"标注"工具栏上的"线性标注"按钮 ⊢⊣，可标注两点间的水平、垂直距离尺寸，如图2-52所示。

2）单击"标注"工具栏上的"角度标注"按钮，可以标注2条非平行直线所夹的角、圆弧的中心角、圆上两点间的中心角及3点确定的角，如图2-53所示。

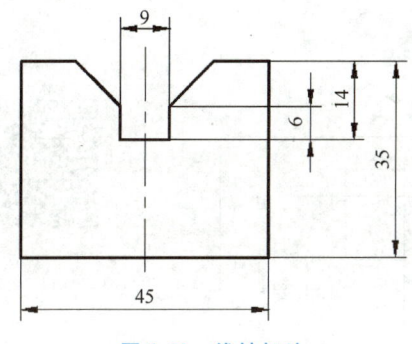

图2-52　线性标注

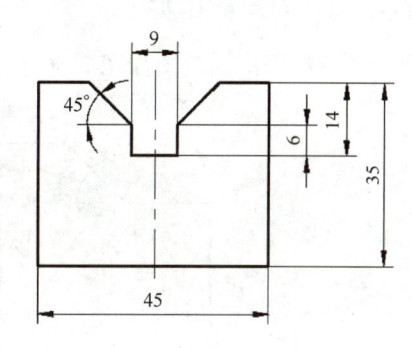

图2-53　角度标注

细心的读者会发现，图2-50中标注的45°角不符合机械制图相关国家标准规定（角度的数字一律水平书写）。修改方法如下。

单击"样式"工具栏上的"标注样式"按钮，弹出"标注样式管理器"对话框。在"样式"列表框中选择"机械标注"，单击"替代"按钮 替代(O)...，系统将弹出"替代当前标注样式：机械标注"对话框，如图2-54所示。在"文字方向"栏中"在尺寸界线内"选择"水平"，单击"确定"按钮 确定，单击"关闭"按钮 关闭，完成临时的尺寸标注样式设置。然后重新进行角度标注，结果如图2-55所示。

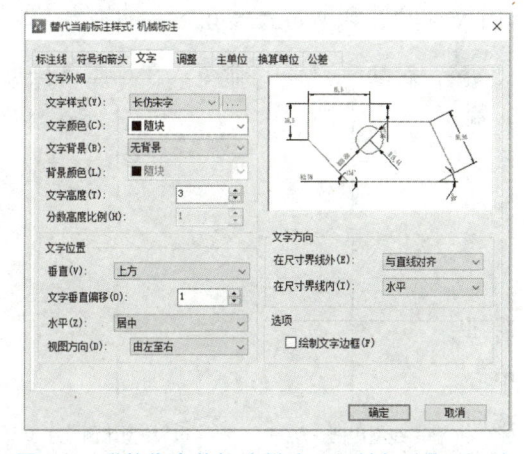

图2-54　"替代当前标注样式：机械标注"对话框

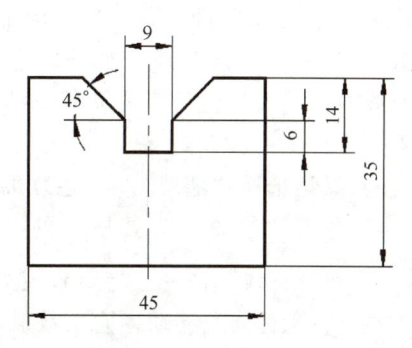

图2-55　重新标注角度

35

十、保存文件

保存文件，退出本次练习。

任务 4　绘制复杂的直线图形

一、新建"中望 CAD 练习 4"文件

打开"中望 CAD 练习 1"文件，另存为"中望 CAD 练习 4"文件。

二、复杂的直线图形

复杂的直线图形的草图如图 2-56 所示。

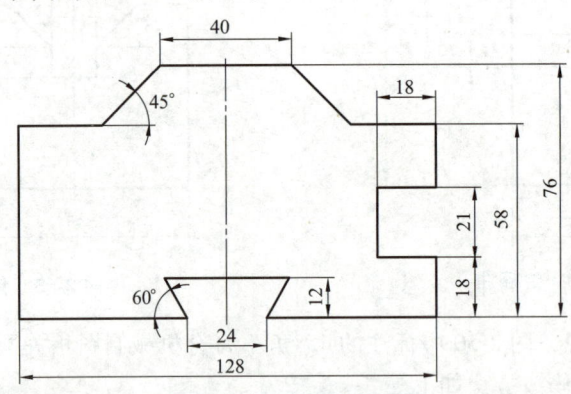

图 2-56　复杂的直线图形

分析：该图形左右近似对称，可先绘制左侧图形，再利用"镜像"命令绘制右侧轮廓，最后绘制槽和标注尺寸。

三、绘制中心线及左侧图形

绘制中心线及左侧图形的步骤如下。

1）打开"正交模式"，线型列表中选择"CENTER"，线宽设置为 0.25mm。

2）单击"绘图"工具栏上的"直线"按钮，启动"直线"命令。在绘图区任意位置单击，指定直线第 1 点，光标向上方移动，输入数值"76"，按回车键，如图 2-57a 所示。修改中心线的"线型比例"为"0.6"，结果如图 2-57b 所示。

3）线型选择"随层"，线宽为 0.30mm。

4）单击"绘图"工具栏上的"直线"按钮，启动"直线"命令。指定直线第 1 点为中心线下端点，光标向左移动，输入数值"64"，按回车键；光标向上方移动，输入数值"58"，按回车

a)"线型比例"为"1"　　b)"线型比例"为"0.6"
图 2-57　修改中心线的"线型比例"

键；光标向右移动到中心线"垂足"点，右击选择"确认"。再次启动"直线"命令，指定直线第 1 点为中心线上端点，光标向左移动，输入数值"20"，按回车键。完成的结果如图 2-58 所示。

5）单击"修改"工具栏上的"偏移"按钮，输入偏移距离数值"12"，按回车键。选择要偏移的对象为 64mm 直线，偏移方向向上，右击选择"确认"，如图 2-59 所示。

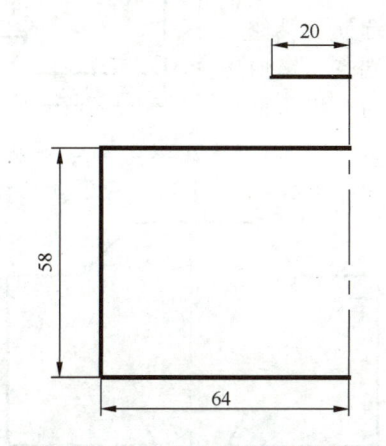

图 2-58　绘制中心线及左侧图形大体轮廓

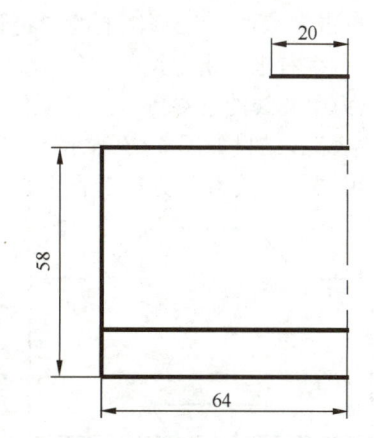

图 2-59　偏移 64mm 直线

6）绘制图 2-60 所示的辅助线，并修剪 64mm 直线。

a) 绘制辅助线

b) 修剪64mm直线

图 2-60　绘制辅助线并修剪

7）关闭"正交模式"，线型选择"随层"，线宽为 0.30mm。单击"绘图"工具栏上的"直线"按钮，启动"直线"命令，绘制 45°和 60°斜线，如图 2-61 所示。

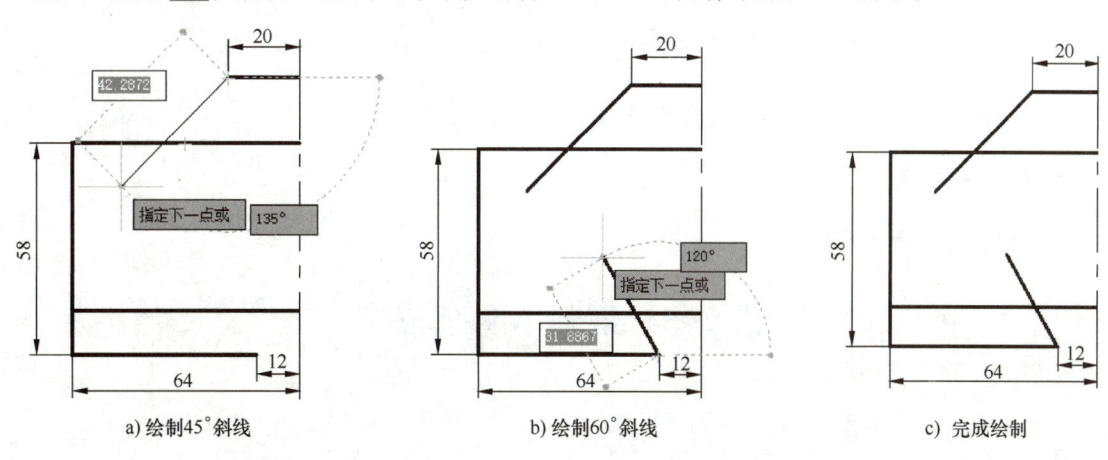

a) 绘制45°斜线

b) 绘制60°斜线

c) 完成绘制

图 2-61　绘制 45°和 60°斜线

8）单击"修改"工具栏上的"修剪"按钮，修剪图 2-61 中 45°和 60°斜线、水平线的多余部分，如图 2-62 所示。

四、绘制右侧图形

绘制右侧图形的步骤如下。

1）单击"修改"工具栏上的"镜像"按钮，选择要镜像的图形，然后右击。指定镜像的第 1 点为中心线的上端点，镜像的第 2 点为中心线的下端点。在"是否删除源对象"命令提示框中选择"否"，结果如图 2-63 所示。

2）用"夹点编辑"方法延长中心线，结果如图 2-64 所示。

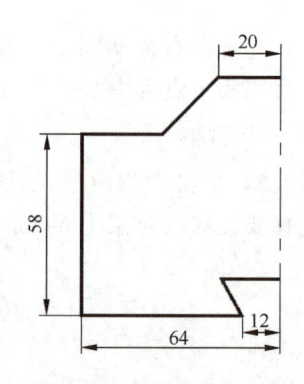

图 2-62　修剪 45°和 60°斜线、水平线的多余部分

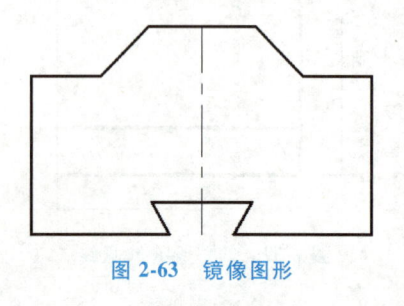

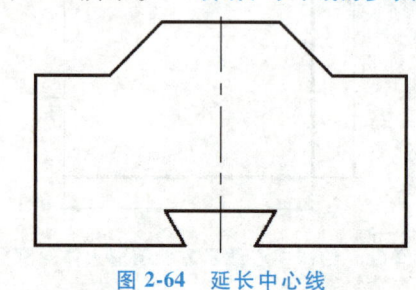

图 2-63　镜像图形

图 2-64　延长中心线

3）使用 3 次"偏移"命令绘制槽的轮廓，如图 2-65 所示。

4）修剪多余的直线，完成图形绘制，如图 2-66 所示。

图 2-65　绘制槽的轮廓

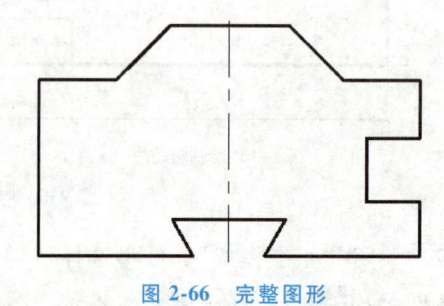

图 2-66　完整图形

五、标注尺寸

按机械制图规定标注尺寸，结果如图 2-56 所示。

六、保存文件

保存文件，退出本次练习。

任务 5　绘制单头呆扳手

一、新建"中望 CAD 练习 5"文件

打开"中望 CAD 练习 1"文件，另存为"中望 CAD 练习 5"文件。

二、单头呆扳手图样

单头呆扳手图样如图 2-67 所示。

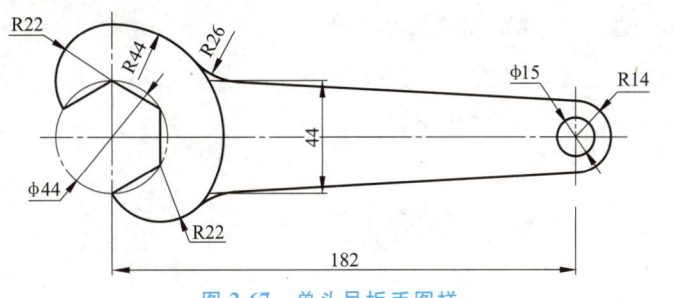

图 2-67　单头呆扳手图样

分析：平面图形中有些线段（圆弧）具有完整的定形尺寸和定位尺寸，可根据标注的尺寸直接画出；而有些线段（圆弧）的定形尺寸和定位尺寸并未全部标注，需要根据已标注的尺寸和该线段（圆弧）与相邻线段（圆弧）的连接关系，通过几何作图方法才能画出这些线段。因此，通常按照线段（圆弧）的尺寸是否标注齐全将其分为 3 种类型。

（1）已知线段（圆弧）　定形尺寸和定位尺寸全部标注的线段（圆弧），如内接正六边形各边、R44mm 圆弧、φ15mm 圆和 R14mm 圆弧均属于已知线段（圆弧）。

（2）中间线段（圆弧）　标注定形尺寸和一个方向的定位尺寸，必须依靠其与相邻线段（圆弧）间的连接关系才能画出的线段（圆弧），如两个 R22 圆弧和两条斜线段。

（3）连接线段（圆弧）　只标注定形尺寸，未标注定位尺寸的线段（圆弧），其定位尺寸需根据该线段（圆弧）与相邻两线段（圆弧）的连接关系，通过几何作图方法求出，如两个 R26 圆弧。

单头呆扳手按基准线和定位线→已知线段（圆弧）→中间线段（圆弧）→连接线段（圆弧）的顺序进行绘制。

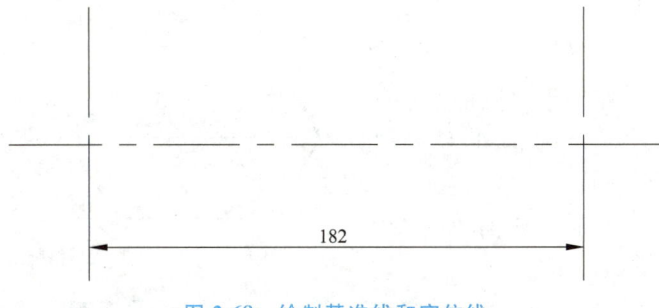

三、绘制基准线和定位线

绘制基准线和定位线的步骤如下。

1）打开"正交模式"。线型列表中选择"CENTER"，线宽设置为 0.25mm。

2）单击"绘图"工具栏上的"直线"按钮，启动"直线"命令。在绘图区任意位置单击，指定直线第 1 点，光标向水平方向移动，输入数值"240"，按回车键。绘制左侧定位线，然后用偏移的方法绘制右侧定位线，如图 2-68 所示。

图 2-68　绘制基准线和定位线

四、绘制已知线段（圆弧）

绘制已知线段的步骤如下。

1）线型选择"随层"，线宽设置为 0.30mm。

2）单击"绘图"工具栏上的"正多边形"按钮，启动"正多边形"命令。输入边的数目为 6，按回车键，如图 2-69 所示。

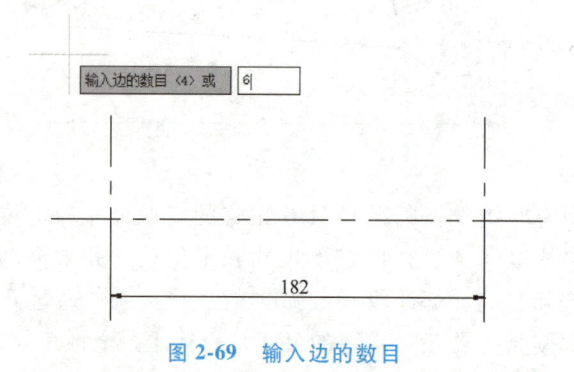

图 2-69　输入边的数目

3）指定正多边形的中心点为节点，如图 2-70 所示。

4）"输入选项"选择"内接于圆"，如图 2-71 所示。

图 2-70　指定正多边形的中心点

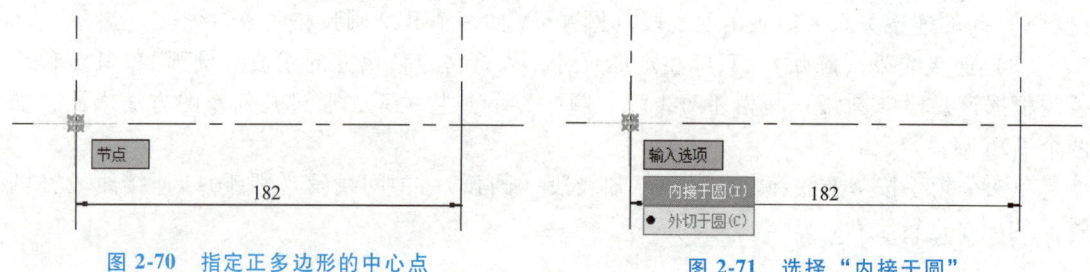

图 2-71　选择"内接于圆"

5）指定圆的半径为"22"，按回车键，如图 2-72 所示。

6）单击"修改"工具栏上的"旋转"按钮，启动"旋转"命令。选择要旋转的对象为绘制的正六边形，指定基点为正六边形的中心，指定旋转角度为"90"，按回车键，结果如图 2-73 所示。

7）单击"绘图"工具栏上的"圆"按钮，启动"圆"命令。指定圆的圆心为正六边形的中心，输入圆的半径值为"44"，按回车键，结果如图 2-74 所示。

8）用同样的方法绘制右侧两个圆，如图 2-75 所示。

9）单击"修改"工具栏上的"分解"

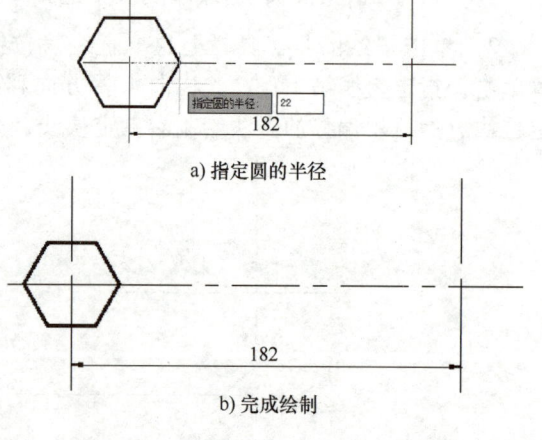

a) 指定圆的半径

b) 完成绘制

图 2-72　绘制正六边形

按钮 ![], 启动"分解"命令。选择要分解的对象为正六边形,右击选择"确认"。删除正六边形中不需要的两条边,结果如图 2-76 所示。

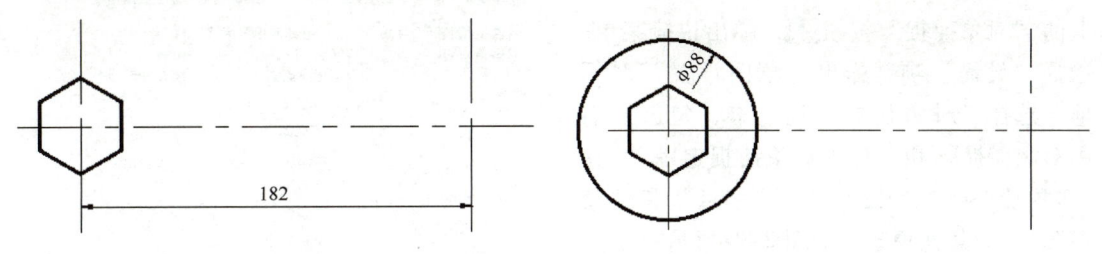

图 2-73 旋转正六边形

图 2-74 绘制 R44mm 圆

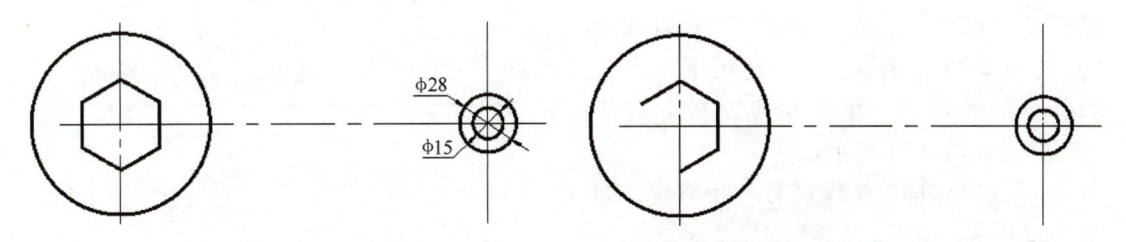

图 2-75 绘制 R14mm 圆和 φ15mm 圆

图 2-76 分解正六边形和删除不要的边

【温馨提示】

绘制的正六边形为一个整体,分解的目的是让六条边分别独立存在,易于删除不需要的两条边。

五、绘制中间线段(圆弧)

绘制中间线段(圆弧)的步骤如下。

1)单击"绘图"工具栏上的"圆"按钮 ![],启动"圆"命令。绘制两个 R22mm 圆,如图 2-77 所示。

图 2-77 绘制两个 R22mm 圆

2)单击"修改"工具栏上的"修剪"按钮 ![],修剪不需要的圆弧,结果如图 2-78 所示。

3)线型选择"随层",线宽设置为 0.25mm。绘制 3 条辅助线,如图 2-79 所示。

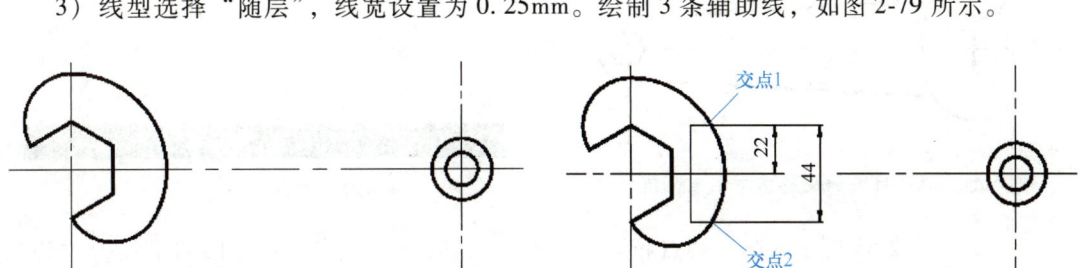

图 2-78 修剪不需要的圆弧

图 2-79 绘制 3 条辅助线

4）线型选择"随层"，线宽设置为 0.30mm，关闭"正交模式"，右击状态栏上的"对象捕捉"按钮，弹出快捷菜单，选择"设置"项，弹出"草图设置"对话框，选择"对象捕捉"选项卡，勾选"启用对象捕捉"和"启用对象捕捉追踪"，在"对象捕捉模式"栏中勾选"切点"和"交点"，清除其他模式，如图 2-80 所示。

5）单击"绘图"工具栏上的"直线"按钮，启动"直线"命令。指定直线第 1 点为图 2-76 中的交点 1，指定下一点为 R14mm 圆弧切点，单击切点，右击选择"确认"，如图 2-81 所示。

6）采用相同方法绘制另一条斜线，如图 2-82 所示。

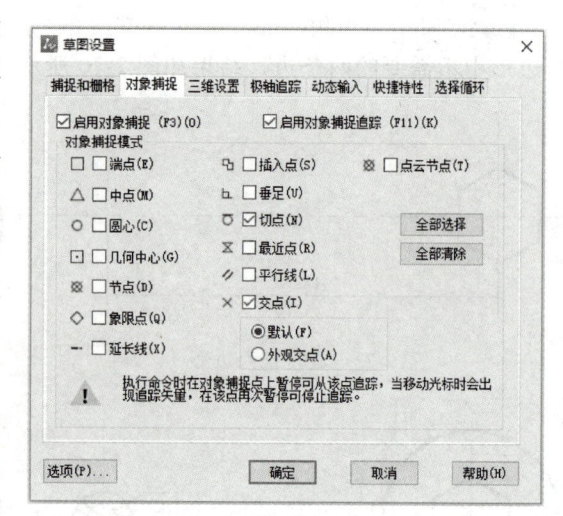

图 2-80 "对象捕捉模式"栏中勾选"切点"和"交点"

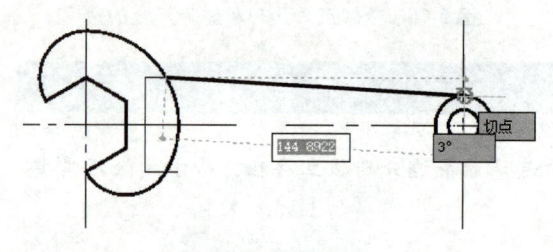

图 2-81 捕捉切点

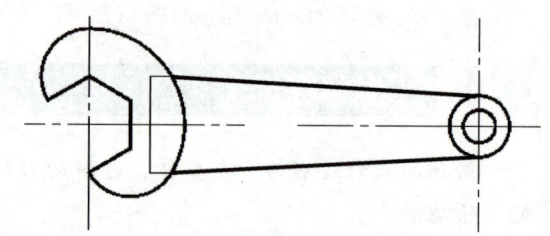

图 2-82 绘制另一条斜线

7）删除辅助线和修剪不需要的圆弧，如图 2-83 所示。

六、绘制连接线段（圆弧）

绘制连接线段（圆弧）的步骤如下。

1）单击"绘图"工具栏上的"圆"按钮，启动"圆"命令。在命令行输入"T"，按回车键，如图 2-84 所示。

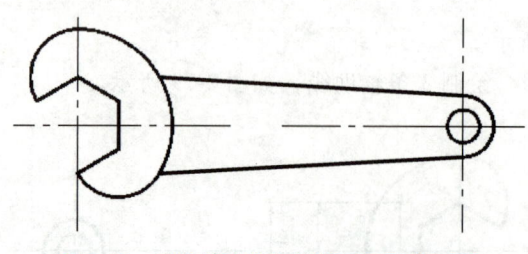

图 2-83 删除辅助线和修剪不需要的圆弧

图 2-84 在命令行输入"T"

2）单击图 2-85 所示的第一切点和第二切点（大体位置即可），指定圆的半径为"26"，按回车键，完成连接圆弧绘制。

3）采用相同方法绘制另一段圆弧连接，如图 2-86 所示。

a) 捕捉第一切点　　　　b) 捕捉第二切点

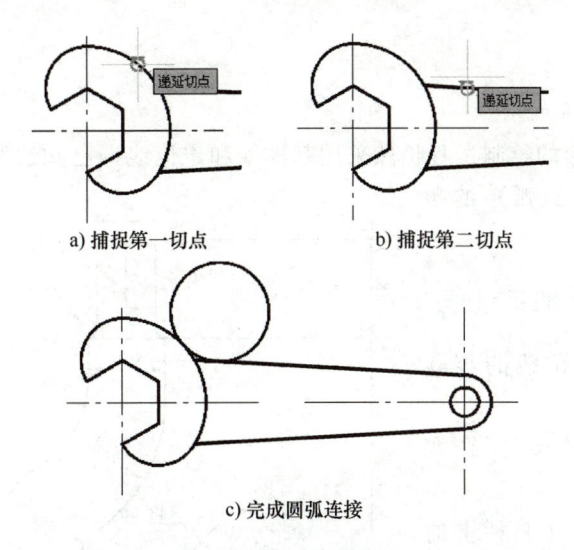

c) 完成圆弧连接

图 2-85　绘制圆弧连接

4）单击"修改"工具栏上的"修剪"按钮 ，修剪不需要的圆弧，再修改中心线的"线型比例"，最后结果如图 2-87 所示。

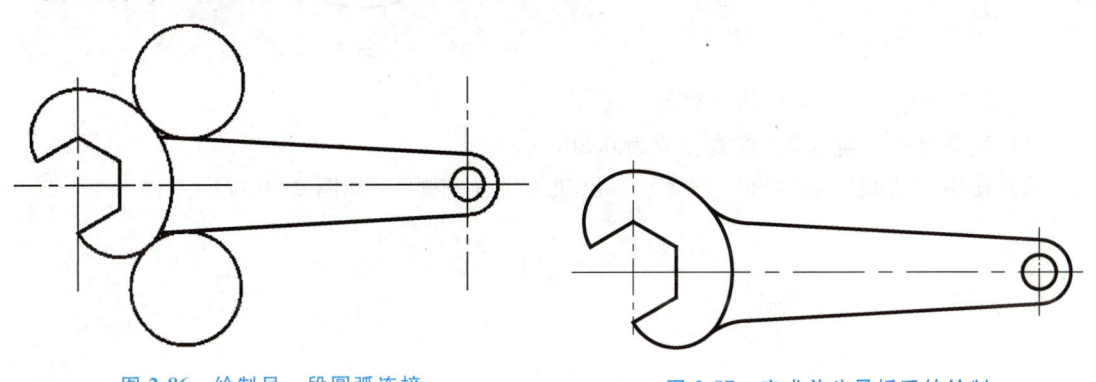

图 2-86　绘制另一段圆弧连接　　　　图 2-87　完成单头呆扳手的绘制

七、标注尺寸

按机械制图规定标注尺寸，如图 2-67 所示。

八、保存文件

保存文件，退出本次练习。

任务6　绘制吊钩

一、新建"中望CAD练习6"文件

打开"中望CAD练习1"文件，另存为"中望CAD练习6"文件。

二、吊钩图样

吊钩图样如图2-88所示。

分析：该平面图形的绘制过程仍然采用基准线和定位线→已知线段（圆弧）→中间线段（圆弧）→连接线段（圆弧）的顺序进行。

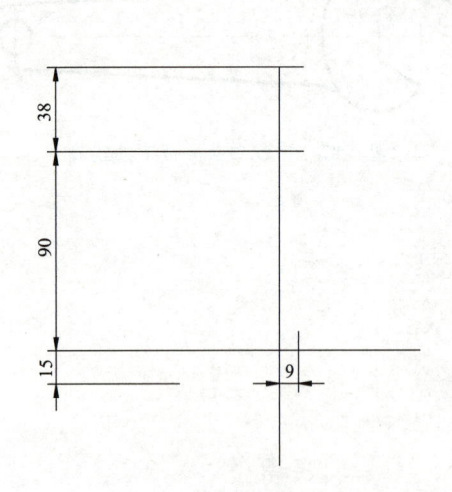

三、绘制基准线和定位线

绘制基准线和定位线的步骤如下。

1）线型选择"随层"，线宽设置为0.25mm。

2）单击"绘图"工具栏上的"直线"按钮，启动"直线"命令。绘制吊钩的基准线和定位线，如图2-89所示。

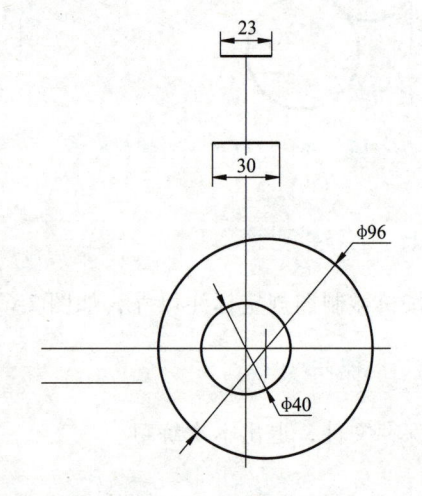

四、绘制已知线段（圆弧）

绘制已知线段（圆弧）的步骤如下。

1）线型选择"随层"，线宽设置为0.30mm。

2）使用"直线"和"圆"命令绘制已知线段（圆弧），如图2-90所示。

图2-88 吊钩图样

图2-89 绘制基准线和定位线

图2-90 绘制已知线段（圆弧）

五、绘制中间线段（圆弧）

绘制中间线段（圆弧）的步骤如下。

1)使用"直线"和"圆"命令绘制中间线段(圆弧),如图 2-91 所示。

2)单击"修改"工具栏上的"倒角"按钮，启动"倒角"命令。在命令行输入"D",选择倒角距离方式,按回车键;指定基准对象的倒角距离为"2",按回车键;指定另一个对象的倒角距离为"2",按回车键;单击选择第一条直线为直线1;单击选择直线2第二条直线为直线2,如图 2-92 所示。

3)使用相同的方法创建吊钩右侧的倒角,并用粗实线(0.30mm)连接两侧倒角,如图 2-93 所示。

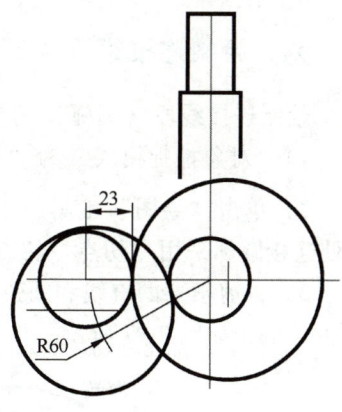

图 2-91 绘制中间线段(圆弧)

a)在命令行输入"D"

b)设置倒角距离

c)完成吊钩左侧的倒角

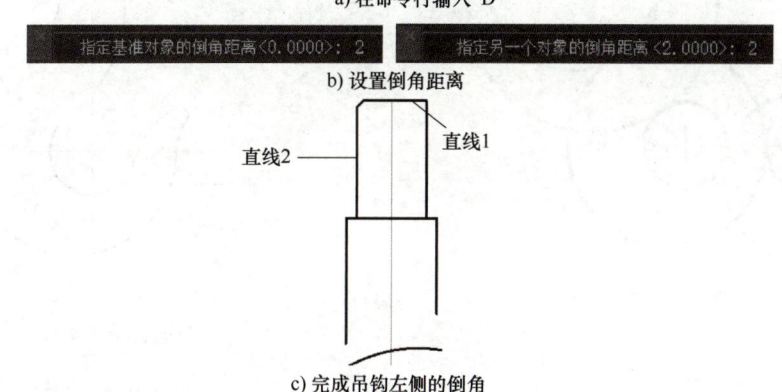

图 2-92 创建吊钩左侧的倒角

4)单击"修改"工具栏上的"圆角"按钮，启动"圆角"命令。在命令行输入"R",选择圆角半径方式,按回车键;圆角半径值为"3.5",按回车键;选择第一个对象为图 2-94c 中直线1,选择第二个对象为直线2。结果如图 2-94d 所示。

5)使用粗实线(0.30mm)创建图 2-94d 中圆角处所缺的直线,启用"镜像"命令完成右侧圆角的创建,修剪多余的直线,结果如图 2-95 所示。

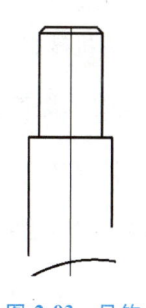

图 2-93 吊钩右侧的倒角

a)在命令行输入"R"

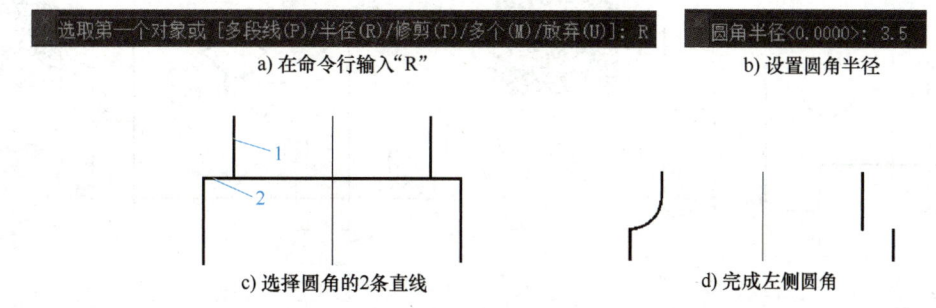

b)设置圆角半径

c)选择圆角的2条直线

d)完成左侧圆角

图 2-94 创建左侧圆角

六、绘制连接线段（圆弧）

绘制连接线段（圆弧）的步骤如下。

1）"对象捕捉模式"为"切点"，清除其他捕捉模式。

2）单击"绘图"工具栏上的"圆"按钮，启动"圆"命令。3处连接圆都采用"切点、切点、半径"的方式绘制，如图2-96所示。

3）修剪不要的直线和圆弧，调整中心线和定位线的线型，完成吊钩的绘制，如图2-97所示。

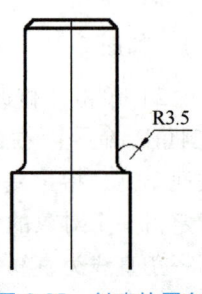

图 2-95 创建的圆角

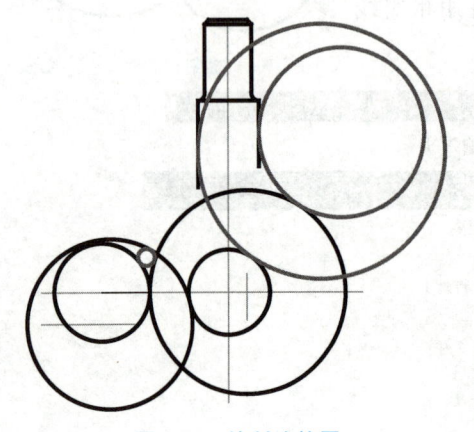

图 2-96 绘制连接圆

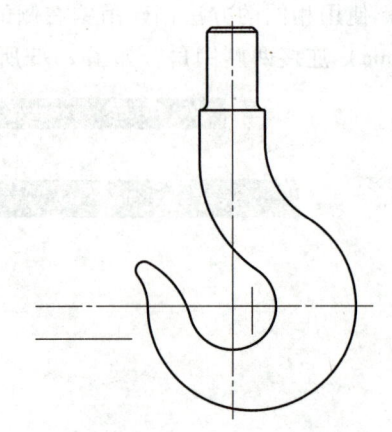

图 2-97 完成吊钩的绘制

七、标注尺寸

按机械制图规定标注尺寸，如图2-88所示。

八、保存文件

保存文件，退出本次练习。

操作练习

绘制图2-98~图2-117所示的图形，并标注尺寸。

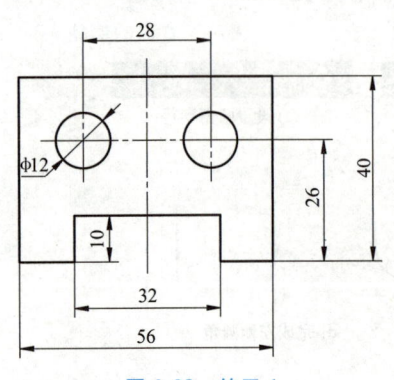

图 2-98 练习1

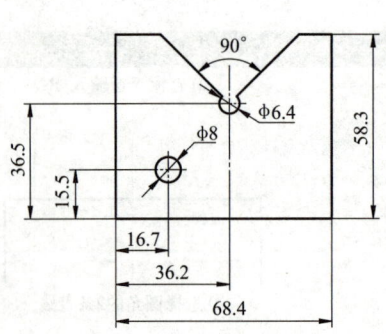

图 2-99 练习2

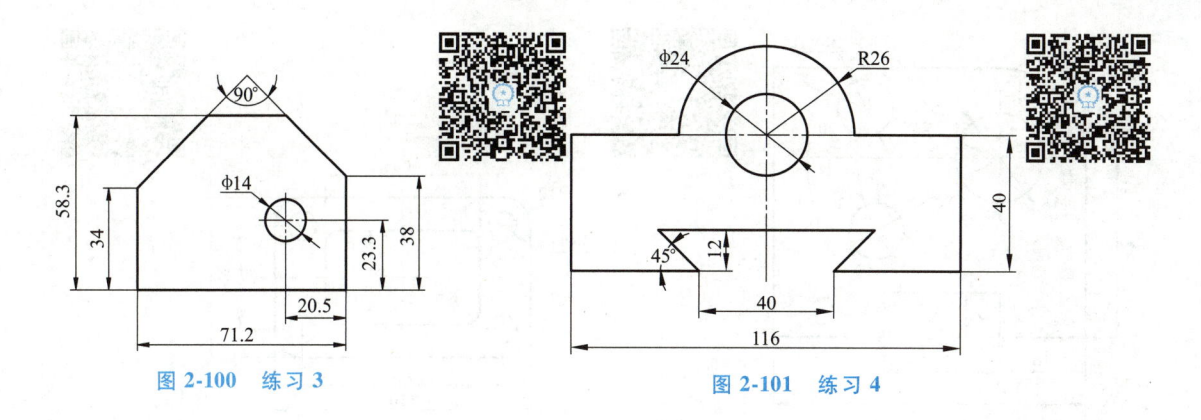

项目2 绘制简单的二维图形

图 2-100 练习 3

图 2-101 练习 4

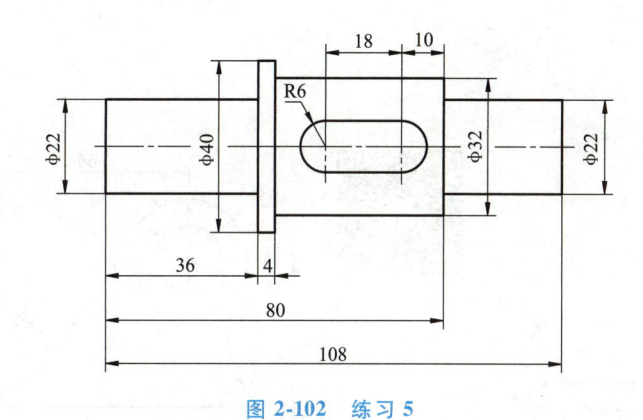

图 2-102 练习 5

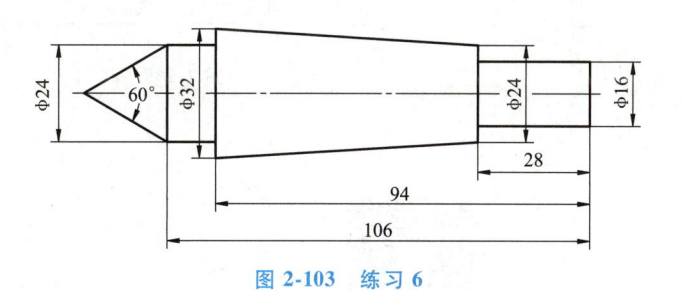

图 2-103 练习 6

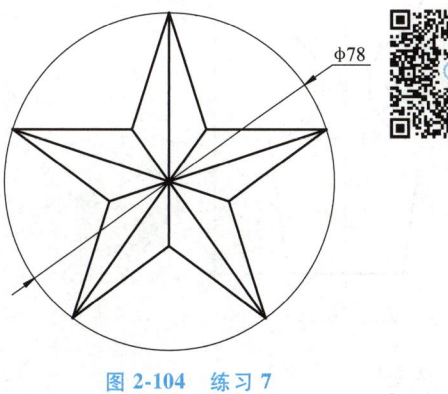

图 2-104 练习 7

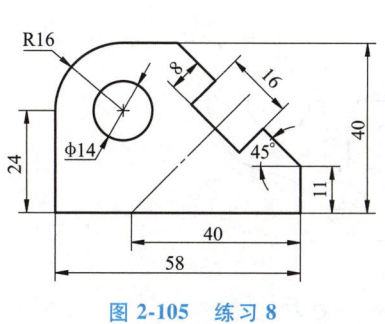

图 2-105 练习 8

47

图 2-106　练习 9

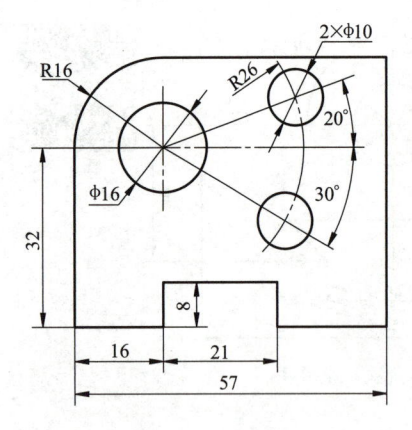

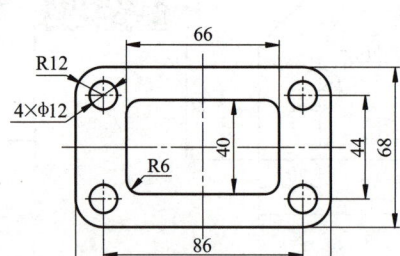

图 2-107　练习 10

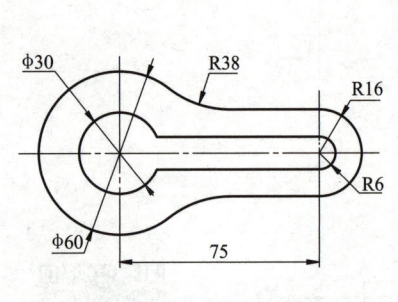

图 2-108　练习 11

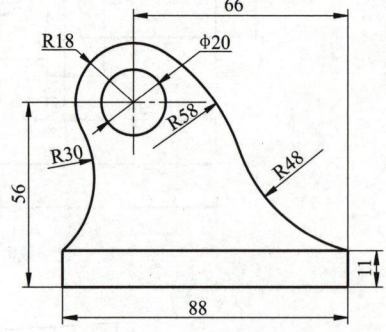

图 2-109　练习 12

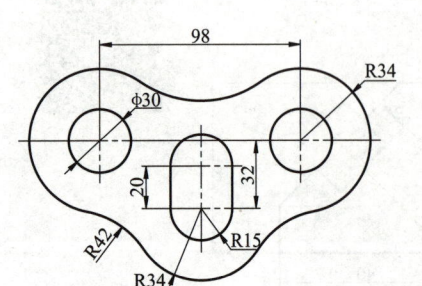

图 2-110　练习 13

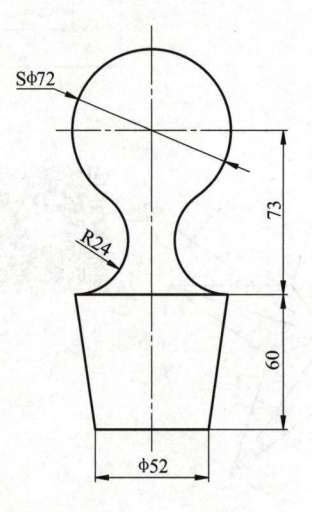

图 2-111　练习 14

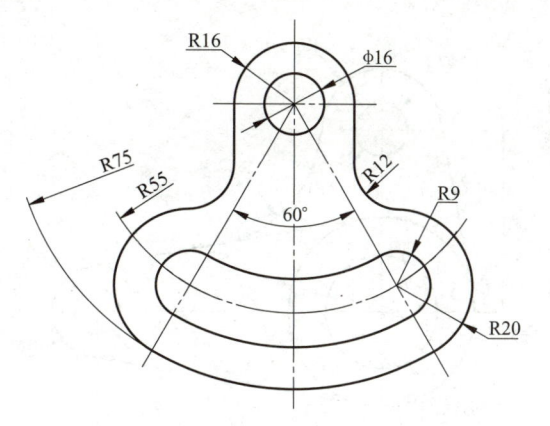

图 2-112　练习 15

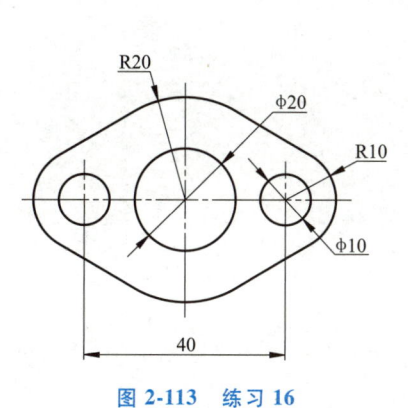

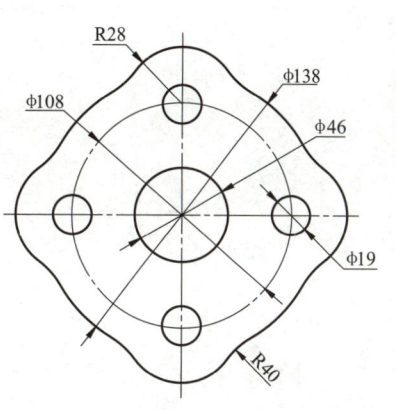

图 2-113　练习 16

图 2-114　练习 17

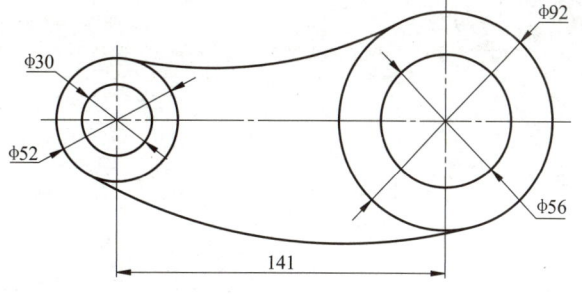

图 2-115　练习 18

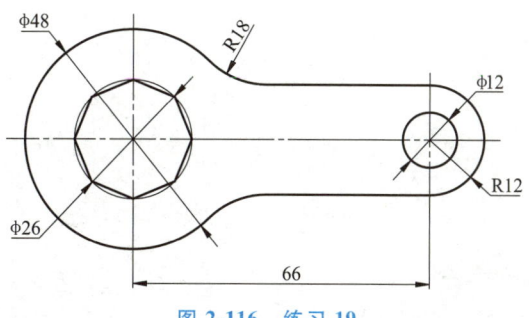

图 2-116　练习 19

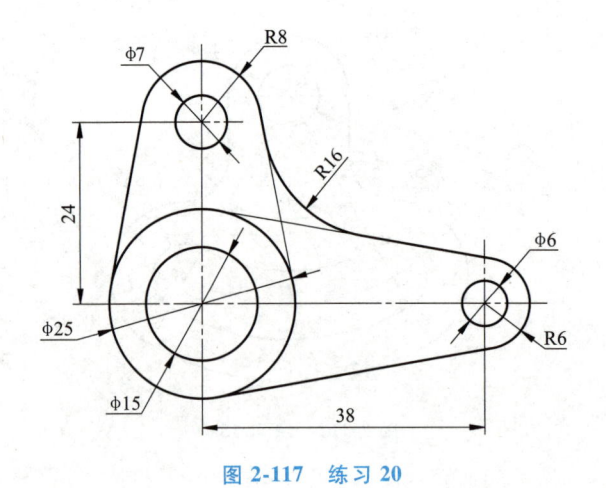

图 2-117　练习 20

项目 3

绘制复杂的二维图形

学习目标

1. 学习"打断""圆心标记""环形阵列""矩形阵列"和"延伸"等命令的使用。
2. 能绘制复杂的二维图形。

素养目标

激发学生科技报国的家国情怀和使命担当。

案例示范

任务 1 绘 制 手 柄

一、新建"中望 CAD 练习 7"文件

打开"中望 CAD 练习 1"文件，另存为"中望 CAD 练习 7"文件。

二、手柄图样

手柄图样如图 3-1 所示。

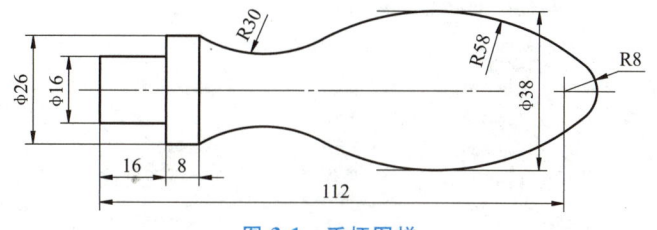

图 3-1 手柄图样

分析：按基准线和定位线→已知线段（圆弧）→中间线段（圆弧）→连接线段（圆弧）的顺序进行绘制，最后标注尺寸并保存文件。

三、绘制基准线和定位线

绘制基准线和定位线的步骤如下。

1）打开"正交模式"，线型选择"CENTER"，线宽设置为 0.25mm。

2）单击"绘图"工具栏上的"直线"按钮，启动"直线"命令。在绘图区任意位置单击，指定直线第 1 点。光标向右移动，输入数值"120"，按回车键，完成基准线（中心线）的绘制。然后完成各定位线的绘制，如图 3-2 所示。

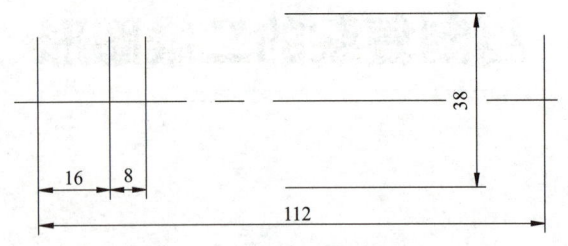

图 3-2　绘制基准线和定位线

四、绘制已知线段（圆弧）

绘制已知线段（圆弧）的步骤如下。

1）线型选择"随层"，线的颜色选择"随层"，线宽设置为 0.30mm。

2）绘制已知线段（圆弧），如图 3-3 所示。

图 3-3　绘制已知线段（圆弧）

五、绘制中间线段（圆弧）

绘制中间线段（圆弧）的步骤如下。

1）"对象捕捉模式"栏中勾选"切点"，清除其他捕捉模式，如图 3-4 所示。

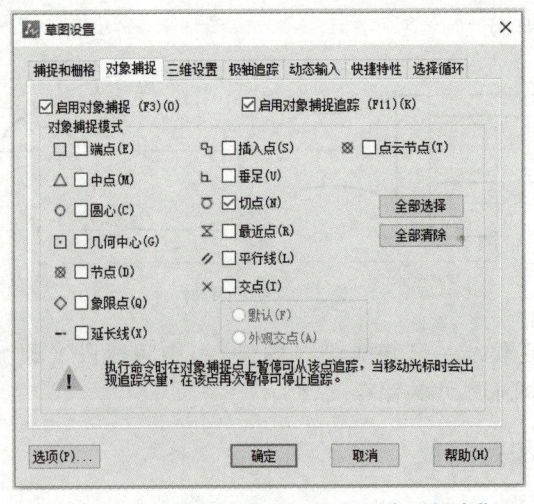

图 3-4　"对象捕捉模式"栏中勾选"切点"

2）单击"绘图"工具栏上的"圆"按钮 G，启动"圆"命令。在命令行提示下，在命令行输入"T"，按回车键，如图 3-5a 所示。指定对象与圆的第一个切点，如图 3-5b 所示，单击定位线。指定对象与圆的第二个切点，如图 3-5c 所示，单击 R8mm 圆。输入圆的半径值为"58"，按回车键，结果如图 3-5d 所示。

a）在命令行输入"T"

b）指定对象与圆的第一个切点

c）指定对象与圆的第二个切点

d）完成绘制R58mm圆

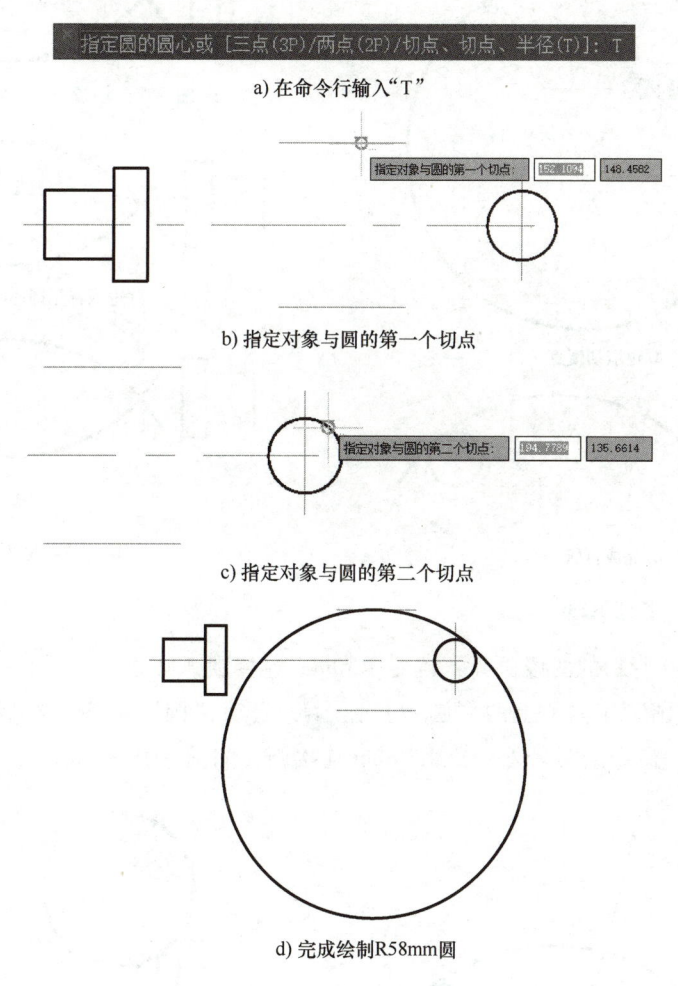

图 3-5　绘制 R58mm 圆

3）单击"修改"工具栏上的"打断"按钮，启动"打断"命令。在命令行提示下，选取第一切断点和第二切断点，如图 3-6a 所示。

【温馨提示】

打断的方向为逆时针，读者应注意切断点 1 和切断点 2 的位置。

4）另一个 R58mm 圆弧可利用"镜像"命令绘制，如图 3-7 所示。

六、绘制连接线段（圆弧）

绘制连接线段（圆弧）的步骤如下：

1）单击"标注"工具栏上的"圆心标记"按钮⊕，启动"圆心标记"命令。选取标记圆心的弧，如图 3-8a 所示，生成 R58mm 圆弧的圆心，如图 3-8b 所示。

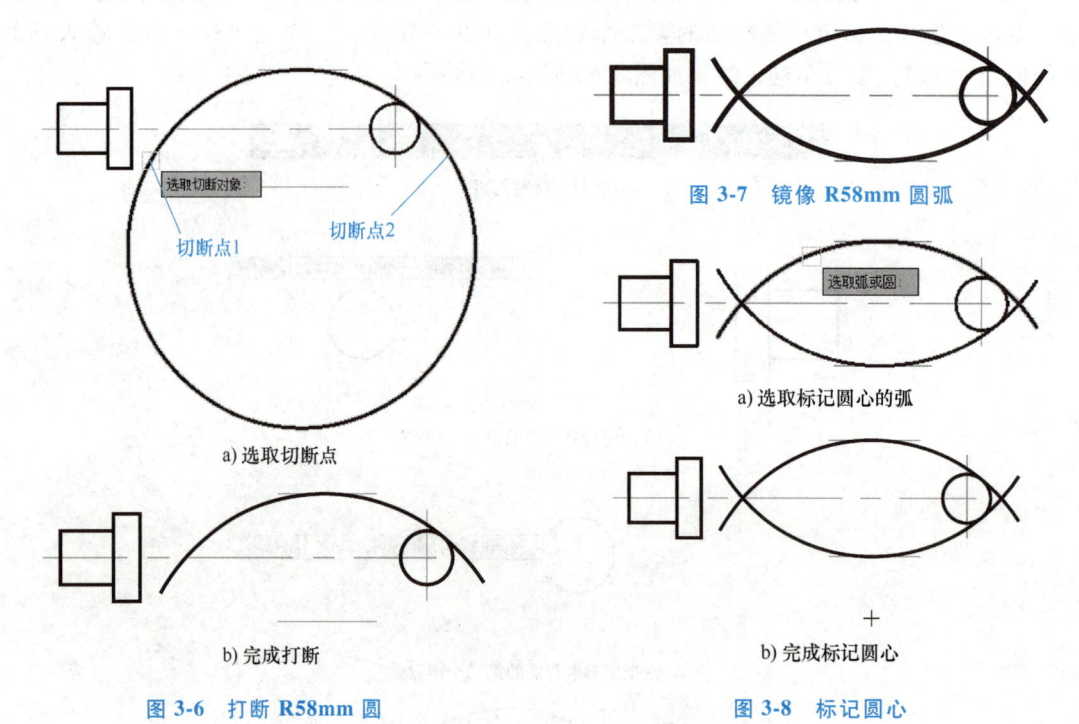

图 3-7　镜像 R58mm 圆弧

a）选取切断点

b）完成打断

图 3-6　打断 R58mm 圆

a）选取标记圆心的弧

b）完成标记圆心

图 3-8　标记圆心

2）绘制图 3-9 所示的两段圆弧，确定 R30mm 连接圆弧圆心。

3）单击"绘图"工具栏上的"圆"按钮，启动"圆"命令。绘制 R30mm 连接圆，然后利用"镜像"命令绘制另外一个 R30mm 连接圆，如图 3-10 所示。

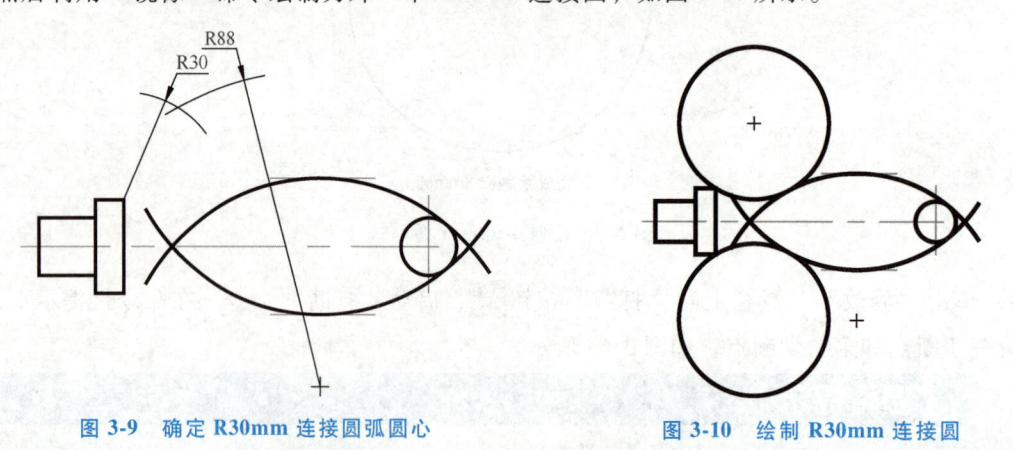

图 3-9　确定 R30mm 连接圆弧圆心

图 3-10　绘制 R30mm 连接圆

4）单击"修改"工具栏上的"修剪"按钮，修剪不需要的圆弧，再调整中心线，结果如图 3-11 所示。

七、标注尺寸

标注尺寸的步骤如下。

1）单击"样式"工具栏上的"标注样式"按钮，弹出"标注样式管理器"对话框。在"标注样式管理器"对话框中，单击"替代"按钮，弹出"替代当前标注样式：ISO-25"对话框。

① 单击"标注线"选项卡，在"尺寸界线偏移"栏中，将"原点"设置为"0"，"尺寸线"设置为"2"。

② 单击"符号和箭头"选项卡，在"箭头"栏中，将"箭头大小"设置为"3"。

③ 单击"文字"选项卡，在"文字外观"栏中，将"文字高度"设置为"3"。

④ 单击"确定"按钮，单击"关闭"按钮，完成图 3-12 所示的不带"φ"的尺寸标注。

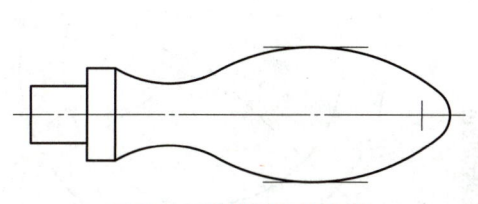

图 3-11 完成手柄的绘制

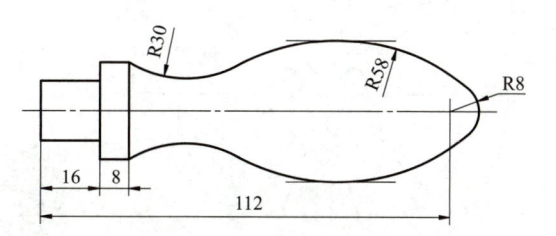

图 3-12 标注不带"φ"的尺寸

2）单击"样式"工具栏上的"标注样式"按钮，弹出"标注样式管理器"对话框。在"标注样式管理器"对话框中，单击"替代"按钮，弹出"替代当前标注样式：ISO-25"对话框。单击"主单位"选项卡，在"线性标注"栏中，将"前缀"设置为"%%C"，如图 3-13 所示。

3）单击"确定"按钮，单击"关闭"按钮，完成图 3-1 所示带"φ"的尺寸标注。

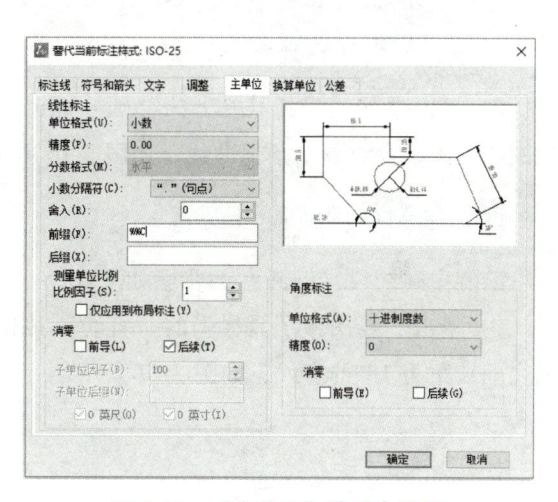

图 3-13 "主单位"选项卡设置

八、保存文件

保存文件，退出本次练习。

任务 2 绘制轮毂

一、新建"中望 CAD 练习 8"文件

打开"中望 CAD 练习 1"文件，另存为"中望 CAD 练习 8"文件。

二、轮毂图样

轮毂图样如图 3-14 所示。

分析：轮毂圆周方向上具有均布的特点，故绘制过程中可采用"经典阵列"命令。

三、绘制已知线段（圆弧）

绘制已知线段（圆弧）的步骤如下。

1）单击"绘图"工具栏上的"圆"按钮 ⊙ ，启动"圆"命令。绘制3个已知圆，如图3-15所示。

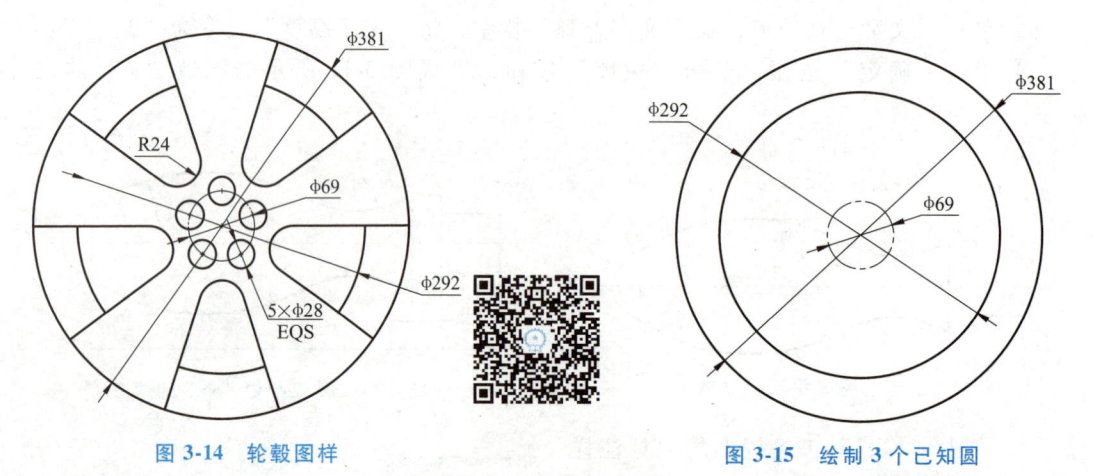

图 3-14 轮毂图样

图 3-15 绘制3个已知圆

2）单击"标注"工具栏上的"圆心标记"按钮 ⊕ ，启动"圆心标记"命令。选取标记圆心的圆，并绘制1条辅助线，如图3-16所示。

四、绘制中间线段（圆弧）

绘制中间线段（圆弧）的步骤如下。

1）单击"绘图"工具栏上的"直线"按钮，启动"直线"命令。绘制1条与辅助线之间夹角为18°的直线，如图3-17所示。

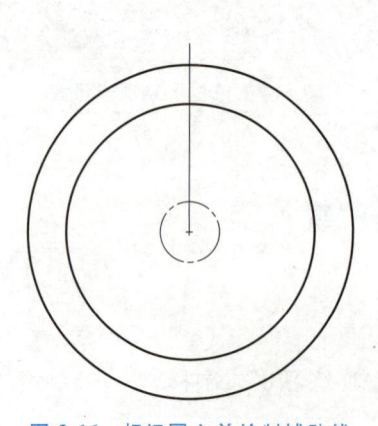

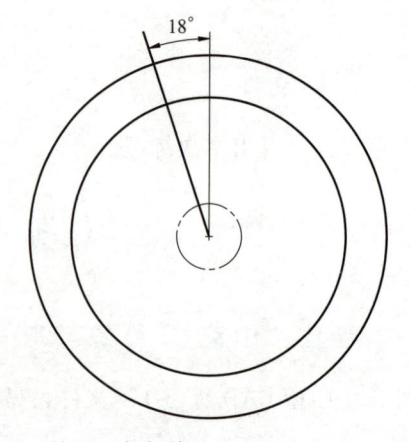

图 3-16 标记圆心并绘制辅助线

图 3-17 绘制1条与辅助线之间夹角为18°的直线

2）在功能区单击"修改"选项卡，在弹出的下拉菜单中单击"阵列"→"经典阵列"，如图3-18a所示。弹出"阵列"对话框，如图3-18b所示。

项目3　绘制复杂的二维图形

a) 选择"经典阵列"

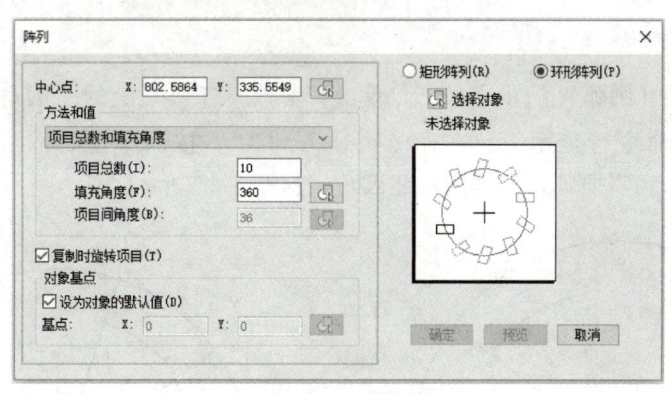

b) "阵列"对话框

图 3-18　启动"经典阵列"命令

3）在"阵列"对话框中，将阵列"中心点"设置为圆心坐标，"项目总数"设置为"10"，"填充角度"设置为"360"，选择"环形阵列"，"选择对象"为图 3-17 所示的 18°直线，单击"确定"按钮 确定 ，结果如图 3-19 所示。

4）单击"修改"工具栏上的"修剪"按钮，修剪不需要的直线和圆弧，结果如图 3-20 所示。

5）单击"绘图"工具栏上的"圆"按钮，启动"圆"命令，绘制图 3-21 所示的 φ28mm 圆。

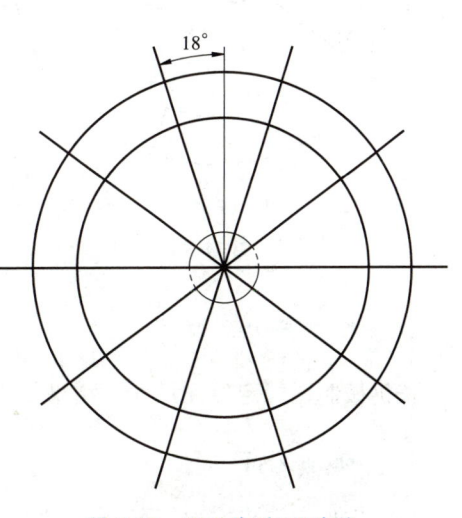

图 3-19　环形阵列 18°直线

57

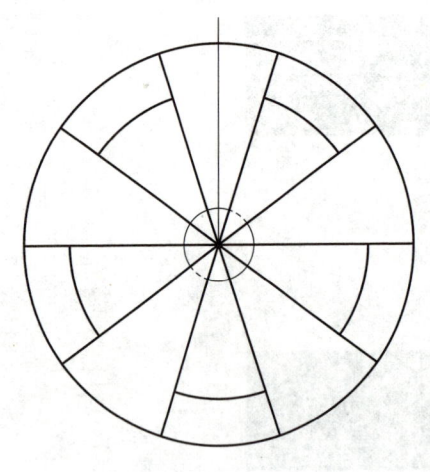

图 3-20　修剪不需要的直线和圆弧 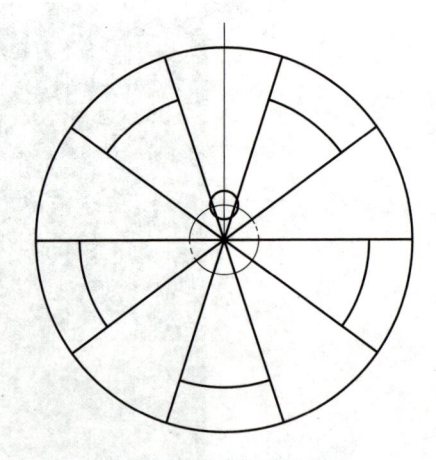　　　　　图 3-21　绘制 φ28mm 圆

6）采用"环形阵列"命令绘制其他几个 φ28mm 圆，如图 3-22 所示。

五、绘制连接线段（圆弧）

绘制连接线段（圆弧）的步骤如下。单击"修改"工具栏上的"圆角"按钮，启动"圆角"命令。在命令行提示下，在命令行输入"R"，按回车键。将圆角半径值设置为"24"，按回车键。在需要圆角的地方创建圆角，如图 3-23 所示。

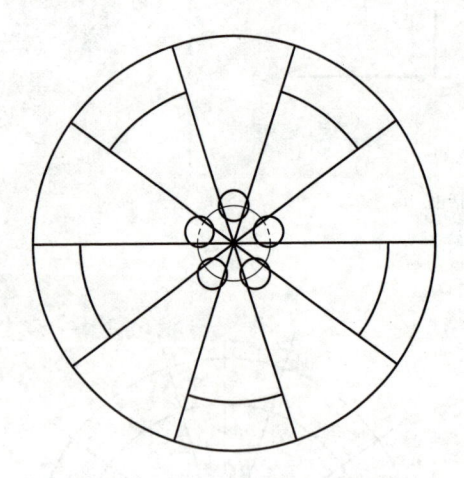

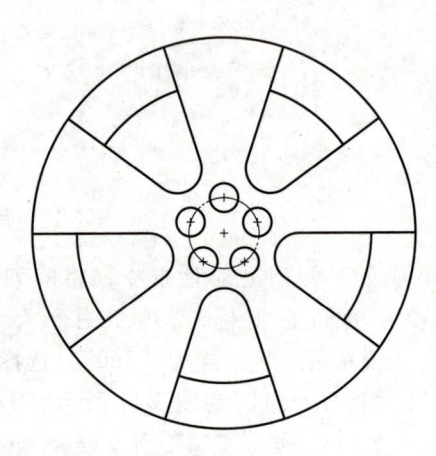

图 3-22　采用"环形阵列"命令绘制　　　　　图 3-23　圆角
　　　　　其他几个 φ28mm 圆

六、标注尺寸

按机械制图规定标注尺寸，结果如图 3-14 所示。

七、保存文件

保存文件，退出本次练习。

项目3　绘制复杂的二维图形

任务3　绘制槽轮

一、新建"中望CAD练习9"文件

打开"中望CAD练习1"文件,另存为"中望CAD练习9"文件。

二、槽轮图样

槽轮图样如图3-24所示。

分析:槽轮在圆周方向上具有均布的特点,可采用"环形阵列"命令进行绘制。

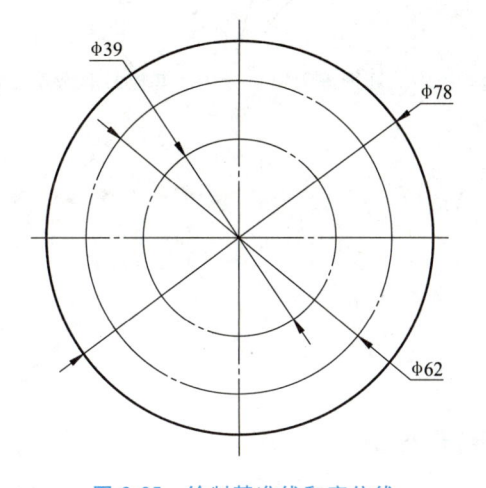

三、绘制基准线和定位线

绘制基准线和定位线,如图3-25所示。

四、绘制槽

绘制槽的步骤如下。

1)绘制水平槽,如图3-26所示。

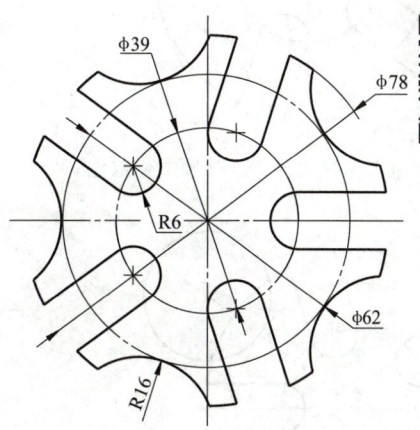

图3-24　槽轮图样

图3-25　绘制基准线和定位线

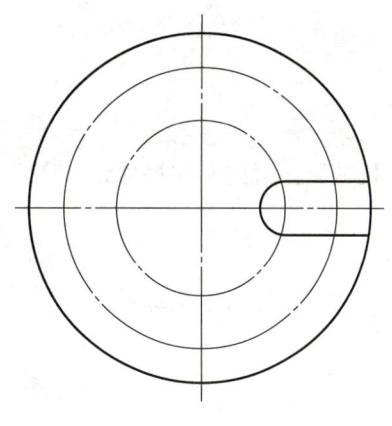

图3-26　水平槽

2)使用"环形阵列"命令绘制其他槽,并对φ78mm圆进行修剪,如图3-27所示。

五、绘制凹形弧

绘制凹形弧的步骤如下。

1)作辅助线,确定凹形弧的圆心,如图3-28所示。

2)绘制凹形弧,如图3-29所示。

3)使用"环形阵列"命令绘制其他凹形弧,并修剪掉不要的圆弧,如图3-30所示。

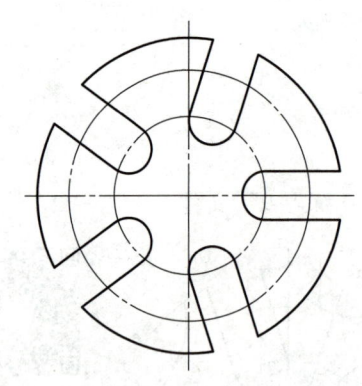

图 3-27 使用环形阵列命令绘制槽并修剪圆　　　图 3-28 确定凹形弧的圆心

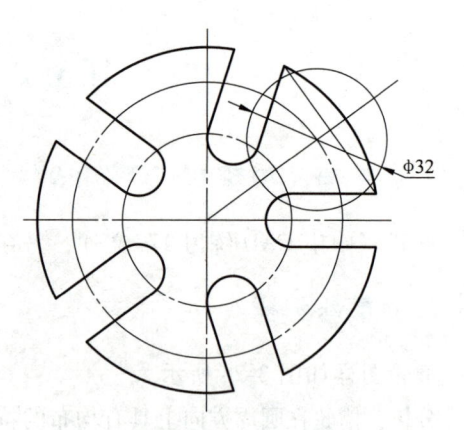

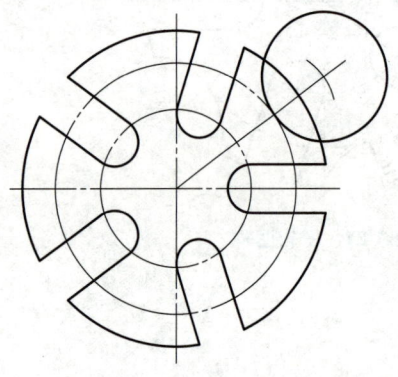

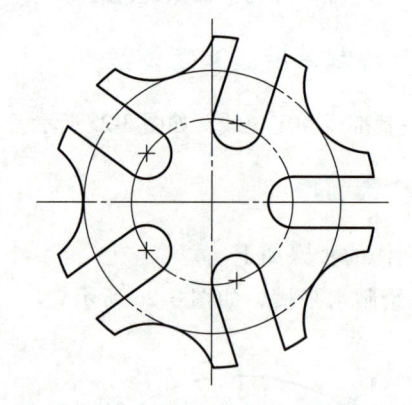

图 3-29 绘制凹形弧　　　图 3-30 使用"环形阵列"命令绘制其他凹形弧并修剪

六、标注尺寸

按机械制图规定标注尺寸，如图 3-24 所示。

七、保存文件

保存文件，退出本次练习。

任务 4　绘制油底壳

一、新建"中望 CAD 练习 10"文件

打开"中望 CAD 练习 1"文件，另存为"中望 CAD 练习 10"文件。

二、油底壳图样

油底壳图样如图 3-31 所示。

分析：油底壳安装孔在圆周方向上不具有均布性，故不能利用环形阵列命令进行绘制。图中有 2 处可利用矩形阵列命令进行绘制。

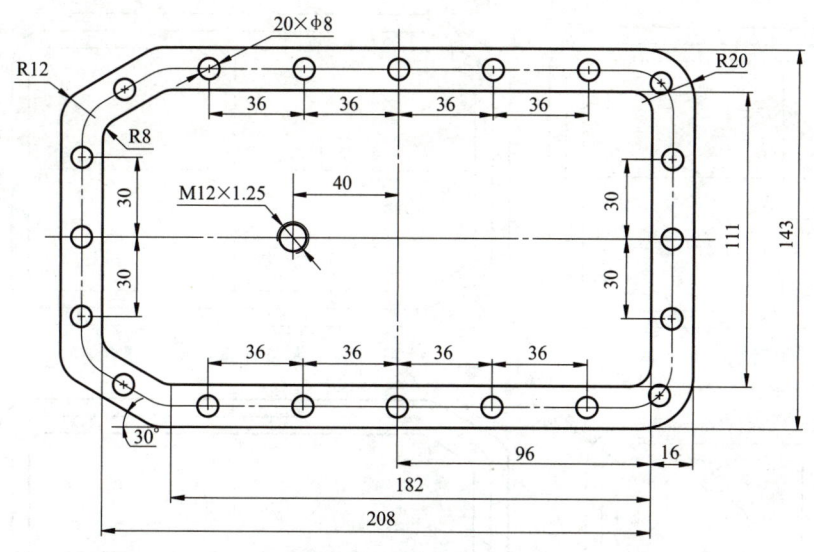

图 3-31 油底壳图样

三、绘制基准线、定位线和内部轮廓线

绘制基准线、定位线和内部轮廓线，如图 3-32 所示。

四、绘制安装孔定位线和外部轮廓

绘制安装孔定位线和外部轮廓的步骤如下。

1）使用"偏移"命令绘制安装孔定位线和外部轮廓线，如图 3-33 所示。

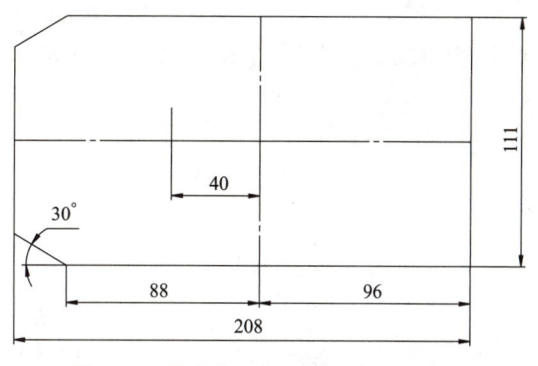

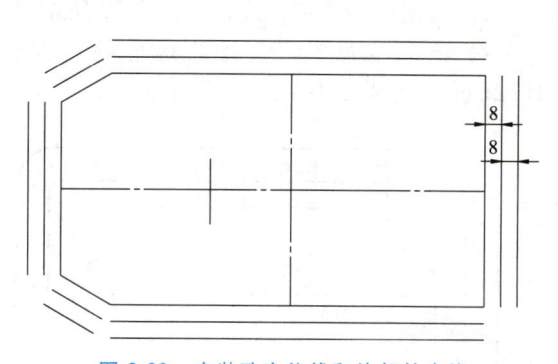

图 3-32 基准线、定位线和内部轮廓线   图 3-33 安装孔定位线和外部轮廓线

2）单击"修改"工具栏上的"圆角"按钮，启动"圆角"命令。将圆角半径为 8mm，对油底壳内部轮廓线创建 6 处圆角，如图 3-34 所示。

3）使用"偏移"命令，完成安装孔定位线 6 处圆角的创建，并修剪多余的直线，如图 3-35 所示（这步也可使用"圆角"命令绘制）。

4）使用"圆角"命令对外部轮廓创建 6 处圆角，其中 4 处圆角半径为 12mm，2 处圆角半径为 20mm，如图 3-36 所示。

5）修改内、外轮廓线的线宽为 0.30mm，将安装孔定位线转成点画线，如图 3-37 所示。

图 3-34　油底壳内部轮廓线的 6 处圆角

图 3-35　安装孔定位线的圆角

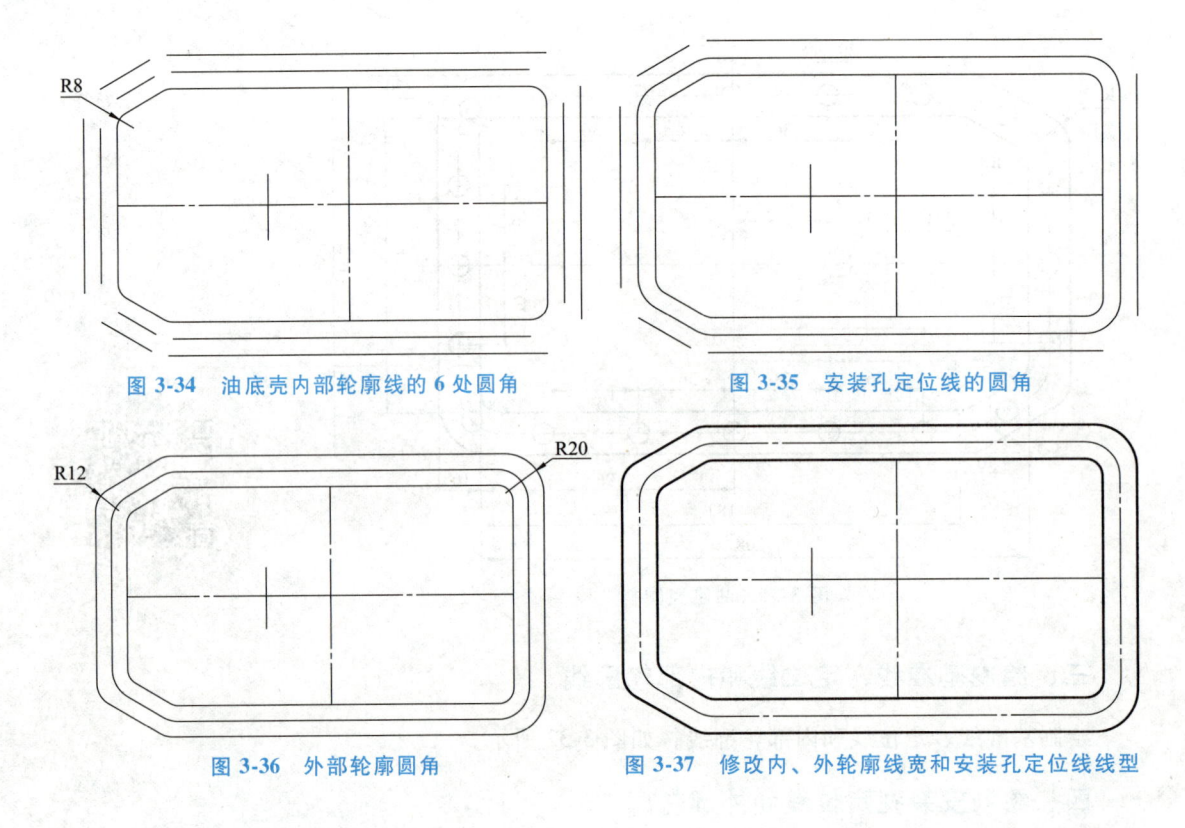

图 3-36　外部轮廓圆角

图 3-37　修改内、外轮廓线宽和安装孔定位线线型

五、绘制放油螺孔和安装孔

绘制放油螺栓孔和安装孔的步骤如下。

1）绘制安装孔定位线，如图 3-38 所示。

2）绘制 M12×1.25 放油螺栓孔（大圆直径为 12mm，小圆直径 = 12mm×0.85 = 10.2mm），如图 3-39 所示。

图 3-38　绘制安装孔定位线

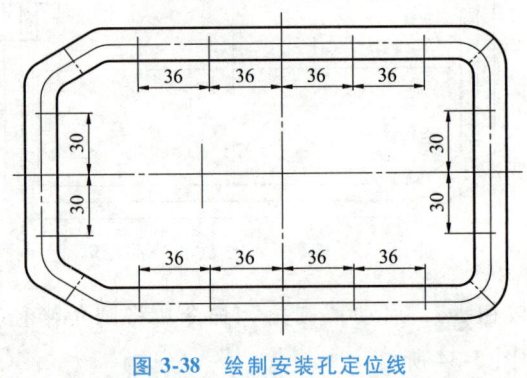

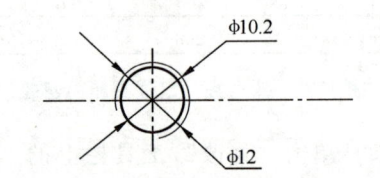

图 3-39　绘制 M12×1.25 放油螺栓孔

3）绘制左上角安装孔，如图 3-40 所示。

4）使用"修改"工具栏上的"复制"命令，绘制图 3-41 所示的 5 个安装孔（复制基点选择圆心）。

5）在功能区单击"修改"选项卡，在弹出的下拉菜单中单击"阵列"→"经典阵列"，弹出"阵列"对话框，如图 3-42 所示。

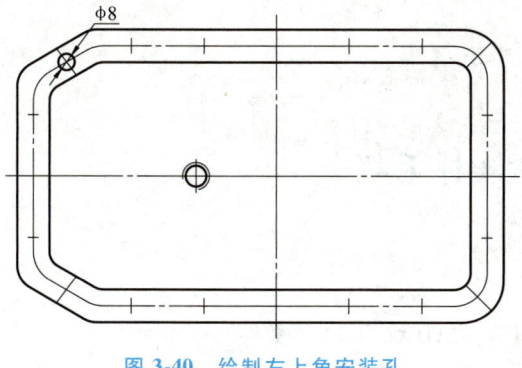

图 3-40 绘制左上角安装孔

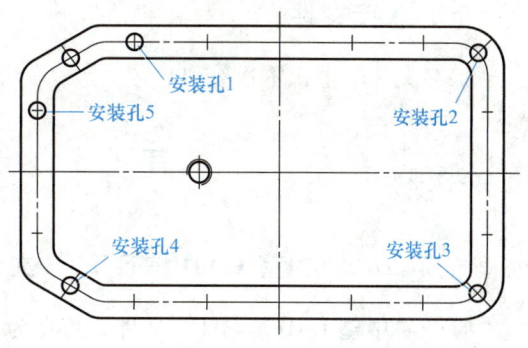

图 3-41 使用"复制"命令绘制 5 个安装孔

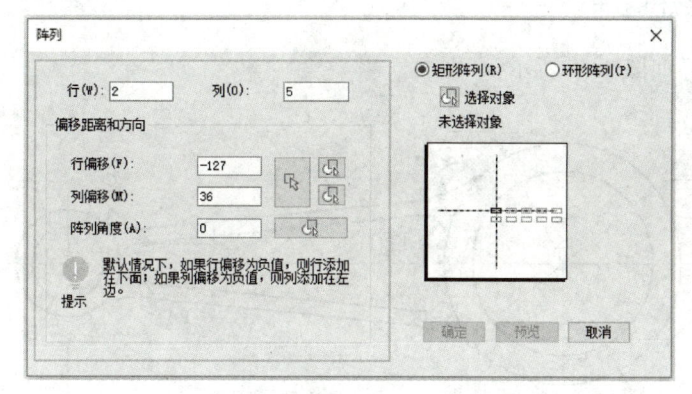

图 3-42 "阵列"对话框

6）在"阵列"对话框中，勾选"矩形阵列"，将"行"设置为"2"，"列"设置为"5"。"行偏移"设置为"-127"，"列偏移"设置为"36"，"选择对象"为图 3-40 所示的安装孔 1，单击"确定"按钮 确定 ，结果如图 3-43 所示。

7）使用相同方法，通过矩形阵列再绘制 6 个安装孔，如图 3-44 所示。

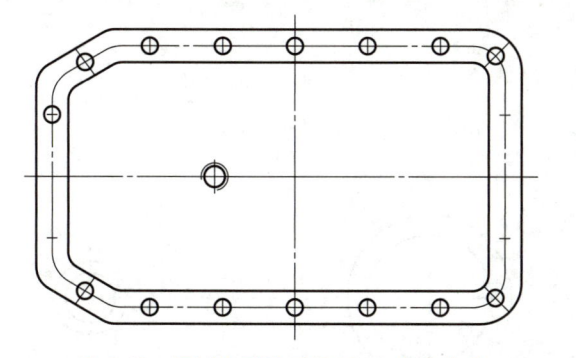

图 3-43 通过矩形阵列绘制 10 个安装孔

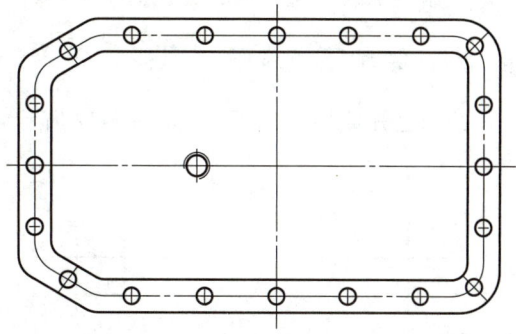

图 3-44 通过矩形阵列绘制 6 个安装孔

以上介绍了几种绘制安装孔的方法，读者可根据情况灵活应用。

六、标注尺寸

按机械制图规定标注尺寸，如图 3-31 所示。

七、保存文件

保存文件，退出本次练习。

任务 5 绘制连杆毛坯

一、新建"中望 CAD 练习 11"文件

打开"中望 CAD 练习 1"文件，另存为"中望 CAD 练习 11"文件。

二、连杆毛坯图样

连杆毛坯图样如图 3-45 所示。

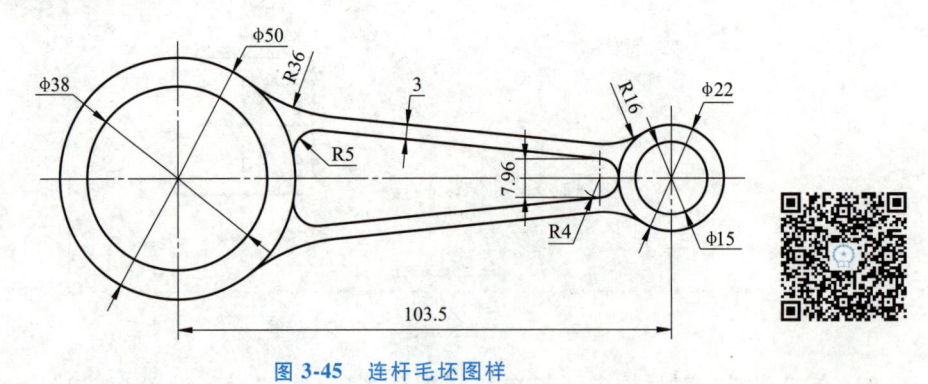

图 3-45 连杆毛坯图样

分析：按已知线段（圆弧）→中间线段（圆弧）→连接线段（圆弧）的顺序进行绘制。

三、绘制基准线和定位线

绘制基准线和定位线，如图 3-46 所示。

四、绘制已知线段（圆弧）

绘制已知线段（圆弧），如图 3-47 所示。

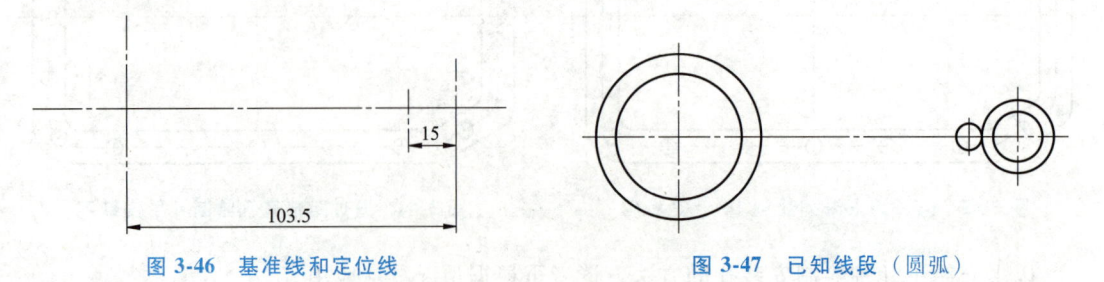

图 3-46 基准线和定位线

图 3-47 已知线段（圆弧）

五、绘制中间线段（圆弧）

绘制中间线段（圆弧）的步骤如下。

1）作辅助线，如图3-48所示。
2）作一条与辅助线垂直的斜线，如图3-49所示。

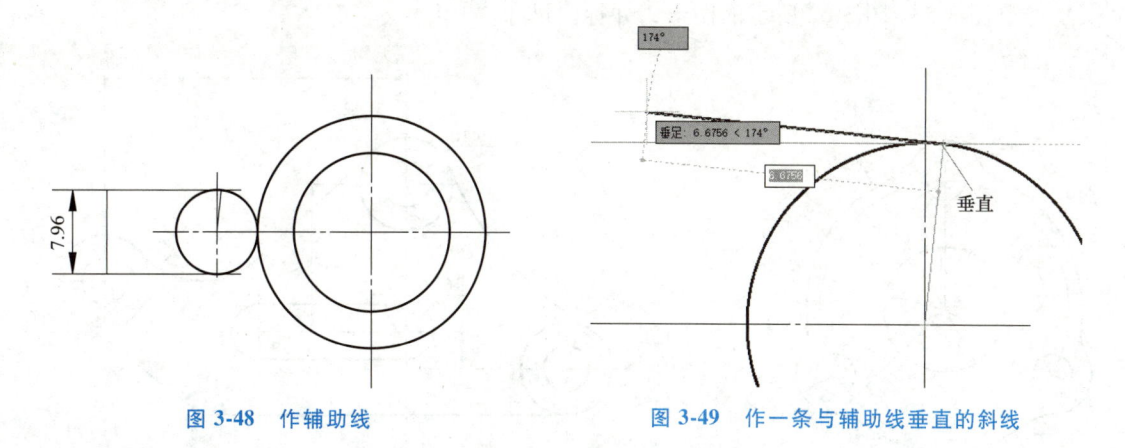

图3-48　作辅助线　　　　　　图3-49　作一条与辅助线垂直的斜线

3）单击"修改"工具栏上的"延伸"按钮，启动"延伸"命令。单击上一步绘制的斜线作为延伸对象，延伸后的斜线如图3-50所示。
4）使用"偏移"和"镜像"命令，完成斜线的绘制，并修剪多余圆弧，如图3-51所示。

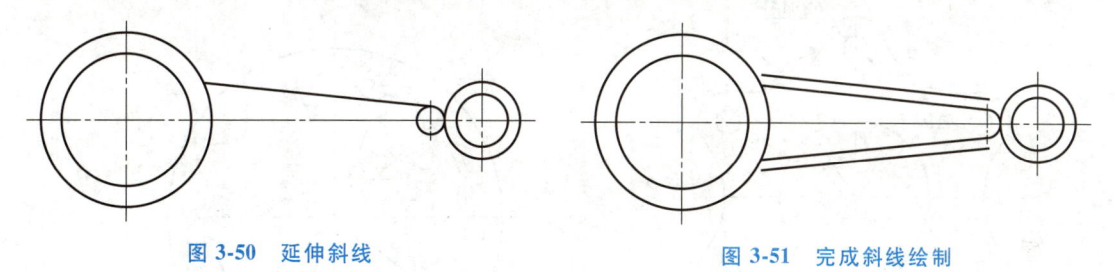

图3-50　延伸斜线　　　　　　图3-51　完成斜线绘制

六、绘制连接线段（圆弧）

对图3-51所示图形创建6处圆角，如图3-52所示。

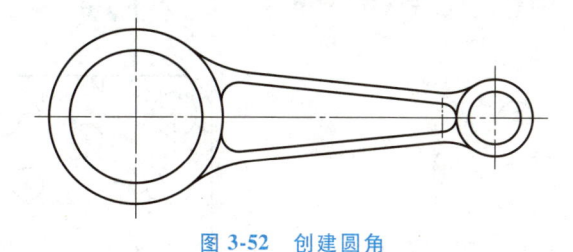

图3-52　创建圆角

七、标注尺寸

按机械制图规定标注尺寸，如图3-45所示。

八、保存文件

保存文件，退出本次练习。

操作练习

绘制图 3-53~图 3-62 所示的图形，并标注尺寸。

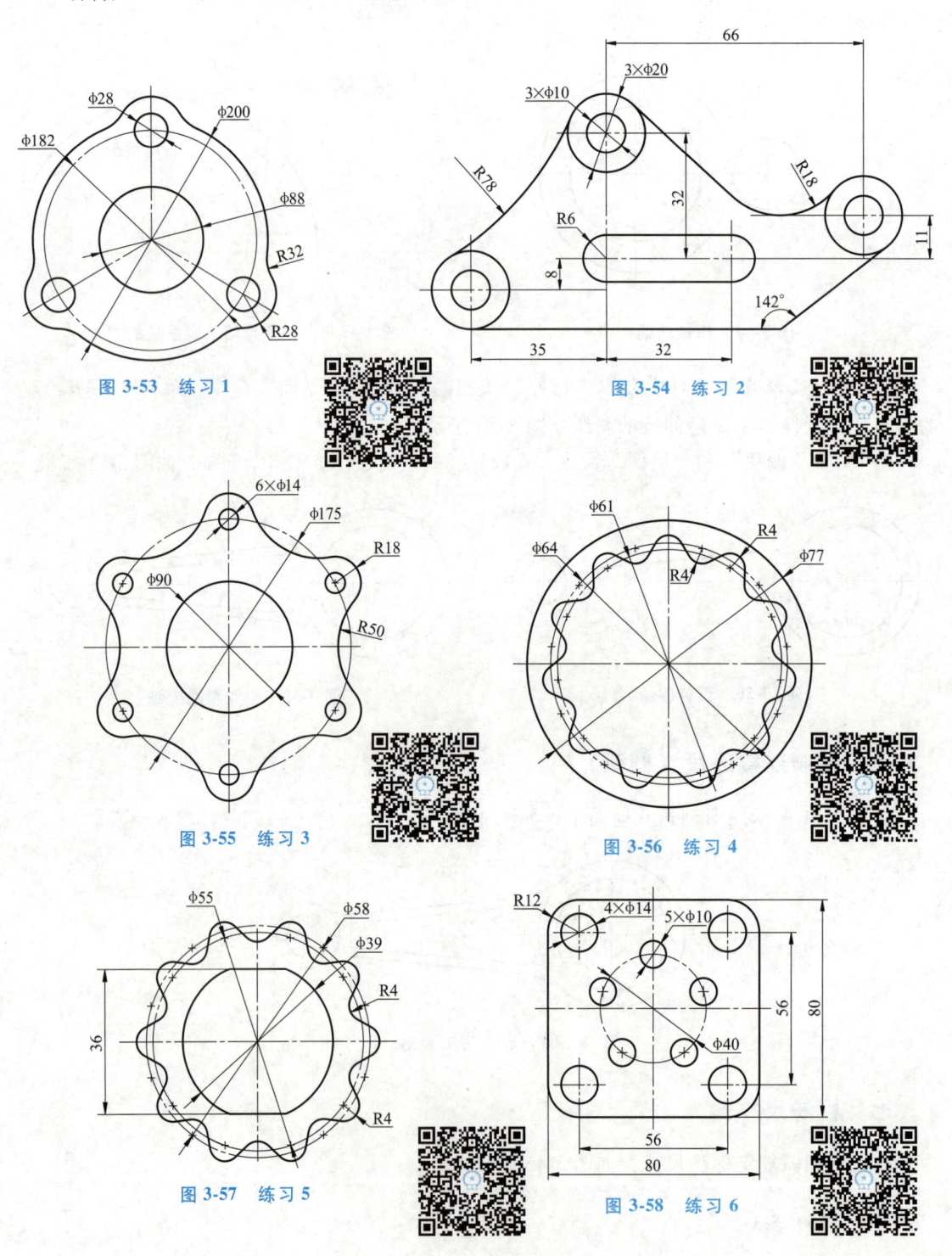

图 3-53 练习 1

图 3-54 练习 2

图 3-55 练习 3

图 3-56 练习 4

图 3-57 练习 5

图 3-58 练习 6

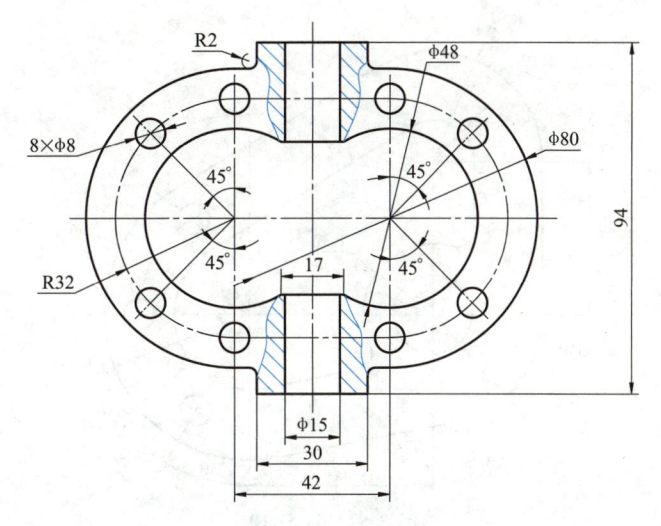

图 3-59 练习 7

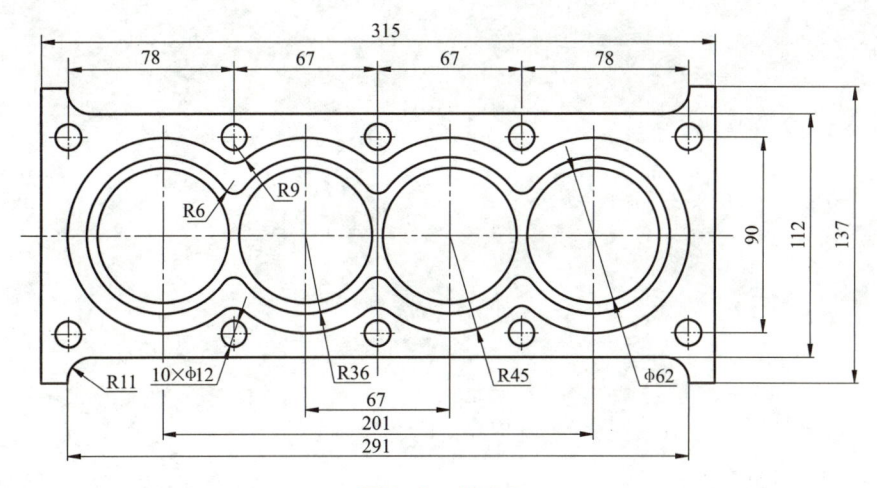

图 3-60 练习 8

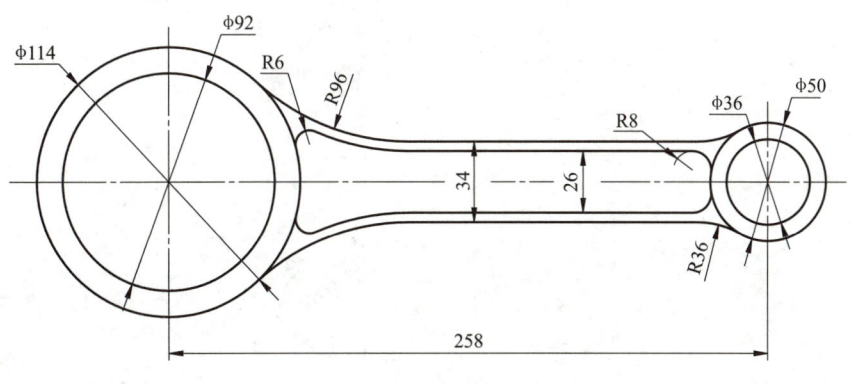

图 3-61 练习 9

图 3-62 练习 10

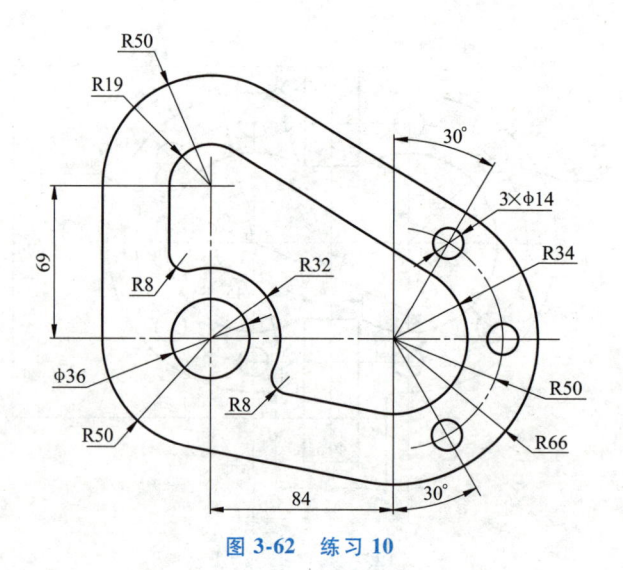

项目 4

绘制组合体的视图

学习目标

1. 学习"构造线""射线""图案填充""样条曲线"和"多段线"等命令的使用。
2. 熟悉对象捕捉追踪功能在绘图中的应用。
3. 能绘制较复杂的三视图。

素养目标

培养吃苦耐劳的精神。

案例示范

任务 1　绘制组合体视图（一）

一、新建"中望 CAD 练习 12"文件

打开"中望 CAD 练习 1"文件，另存为"中望 CAD 练习 12"文件。

二、组合体视图（一）

组合体视图（一）如图 4-1 所示。

分析：绘制组合体的三视图之前，应对组合体进行形体分析，分析组合体的各个组成部分及各部分之间的相对位置关系。如图 4-1 所示，该组合体由底板、支承板和肋板 3 部分组成。绘制三视图时，每一组成部分一般应从形状特征明显的视图入手，先画主要部分，后画次要部分，且每一组成部分的几个视图配合着画。

三、绘制底板的三视图

1. 绘制底板的俯视图

绘制底板的俯视图，如图 4-2 所示。

2. 绘制底板的主视图

绘制底板主视图的步骤如下：

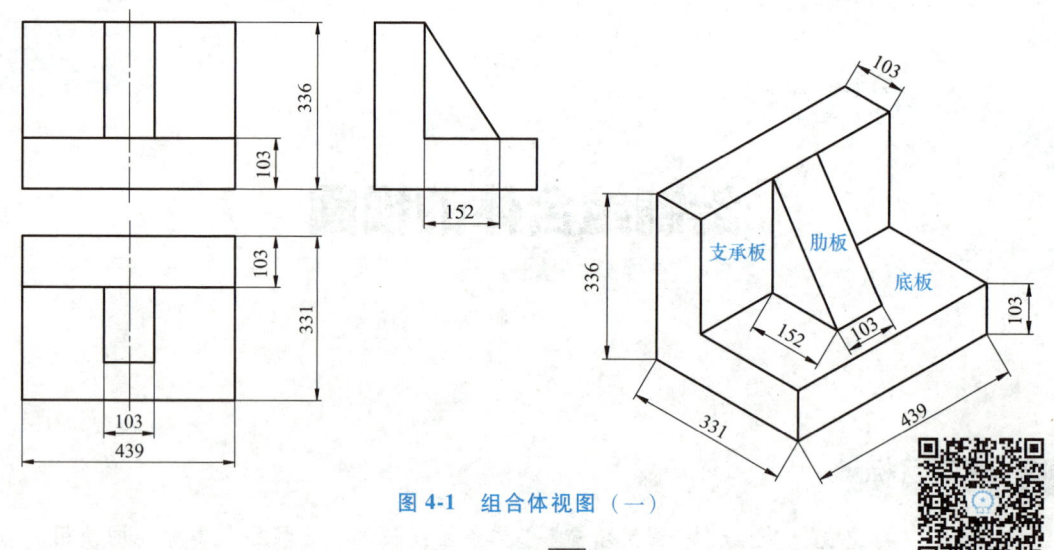

图 4-1 组合体视图（一）

1）单击"修改"工具栏上的"复制"按钮，启动"复制"命令。在命令行提示中进行如下操作："选择对象"为图4-2中上侧水平线，"指定基点"为水平线左端点，光标向上移动，适当位置单击，右击选择"确认"，以保证"长对正"，如图4-3所示。

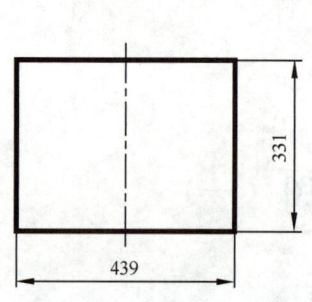

图 4-2 绘制底板的俯视图

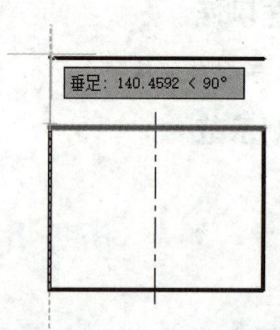

图 4-3 绘制底板主视图的底线

【温馨提示】

除了使用上述方法保证"长对正"外，还有以下2种常用的方法：

方法1：使用"直线"命令，采用对象捕捉追踪功能确定直线的左、右端点，保证"长对正"，如图4-4所示。

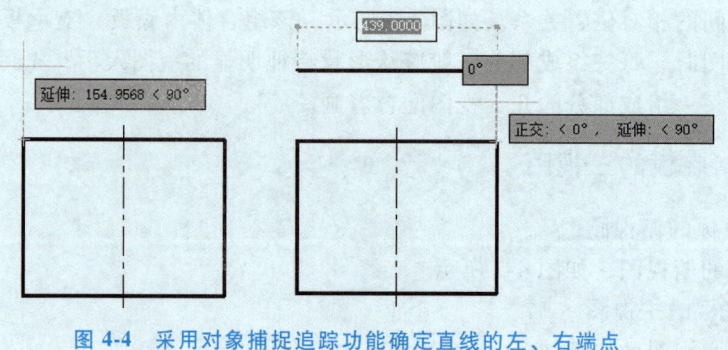

图 4-4 采用对象捕捉追踪功能确定直线的左、右端点

项目4　绘制组合体的视图

方法 2：利用构造线或射线作辅助线，确保"长对正"，如图 4-5 所示。

在实际绘图中，读者可以灵活运用上述 3 种方法，保证绘图的准确性。

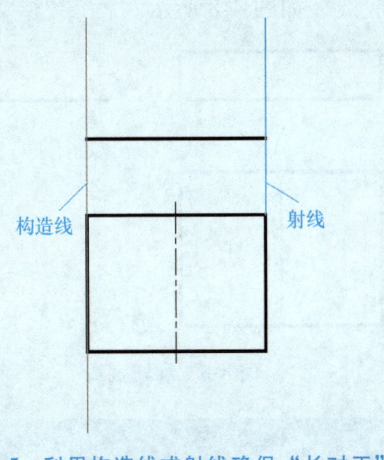

图 4-5　利用构造线或射线确保"长对正"

2）使用"直线"命令，完成底板主视图的绘制，如图 4-6 所示。

3. 绘制底板的左视图

绘制底板左视图的步骤如下。

1）单击"修改"工具栏上的"复制"按钮，启动"复制"命令。在命令行提示中进行如下操作："选择对象"为图 4-7a 俯视图中右侧直线，以保证"宽相等"，"指定基点"为直线上端点，移动光标，采用对象捕捉追踪功能确定直线的第二点位置（与主视图底线对齐），单击后右击选择"确认"，如图 4-7 所示。

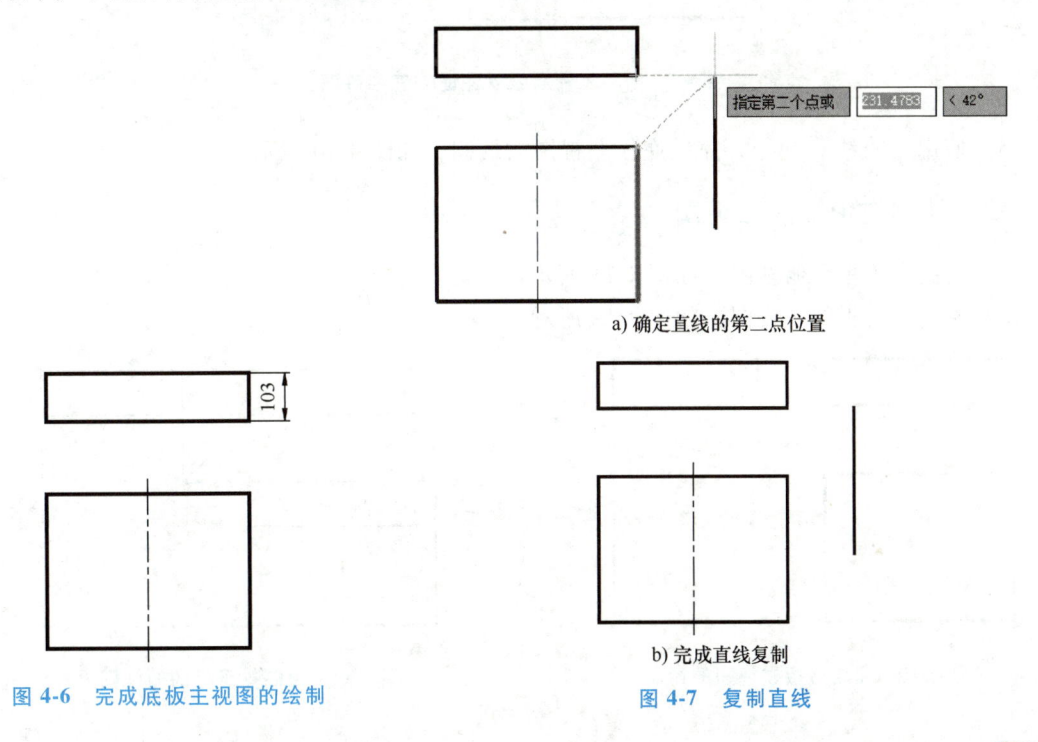

a) 确定直线的第二点位置

b) 完成直线复制

图 4-6　完成底板主视图的绘制　　　　图 4-7　复制直线

2）单击"修改"工具栏上的"旋转"按钮，启动"旋转"命令。在命令行提示下，"选择对象"为图 4-7b 中复制的直线，"指定基点"为直线的上端点，旋转角度为 90°，按回车键，形成底板左视图底线，如图 4-8 所示。

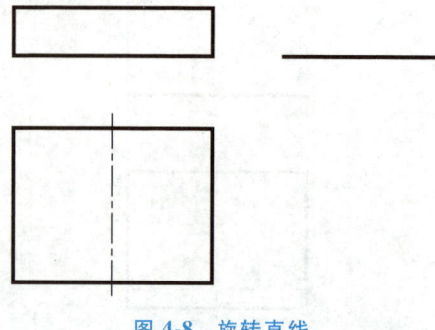

图 4-8　旋转直线

【温馨提示】

除了使用上述方法保证"宽相等"外，还可以利用作 45°辅助线的方法，如图 4-9 所示。

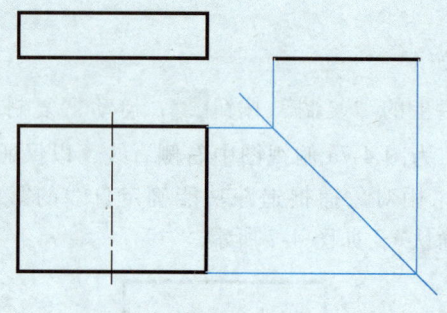

图 4-9　作 45°辅助线以保证"宽相等"

3）使用"直线"命令，完成底板左视图的绘制，如图 4-10 所示。

四、绘制支承板的三视图

1）绘制支承板的俯视图，如图 4-11 所示。

2）绘制支承板的主视图，如图 4-12 所示。

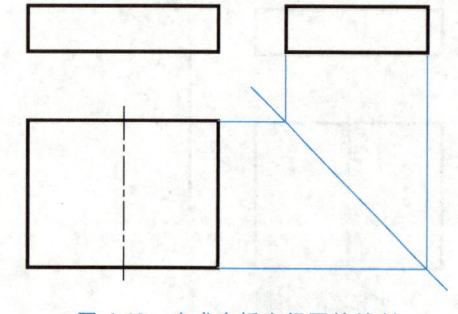

图 4-10　完成底板左视图的绘制

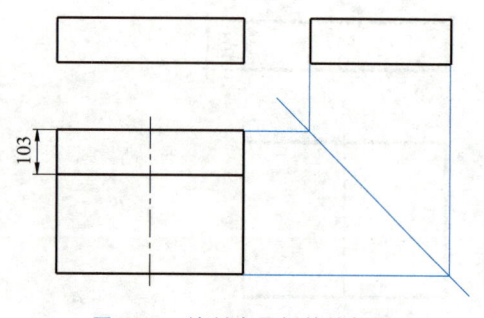

图 4-11　绘制支承板的俯视图

3）绘制支承板的左视图，并修剪多余的直线，如图4-13所示。

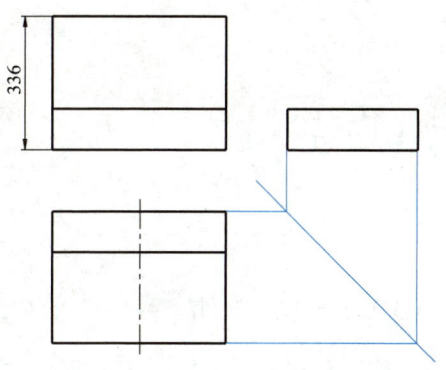

图 4-12　绘制支承板的主视图

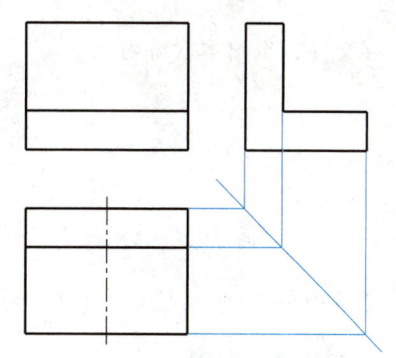

图 4-13　绘制支承板的左视图

五、绘制肋板的三视图

1）绘制肋板的俯视图，如图4-14所示。
2）绘制肋板的主视图，如图4-15所示。

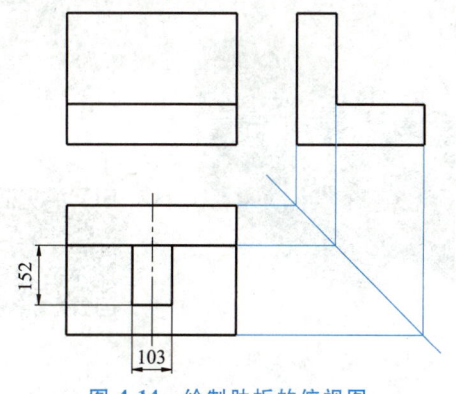

图 4-14　绘制肋板的俯视图

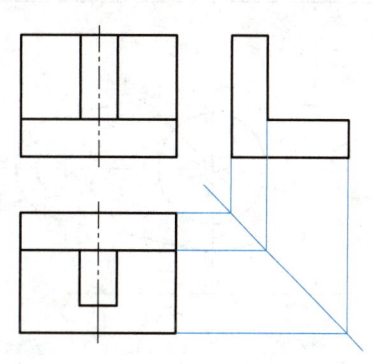

图 4-15　绘制肋板的主视图

3）绘制肋板的左视图，如图4-16所示。

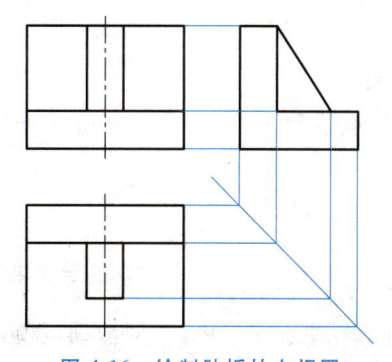

图 4-16　绘制肋板的左视图

六、标注尺寸

按机械制图规定标注尺寸，如图4-1所示。

七、保存文件

保存文件，退出本次练习。

任务 2　绘制组合体视图（二）

一、新建"中望 CAD 练习 13"文件

打开"中望 CAD 练习 1"文件，另存为"中望 CAD 练习 13"文件。

二、组合体视图（二）

绘制组合体视图（二），如图 4-17 所示。

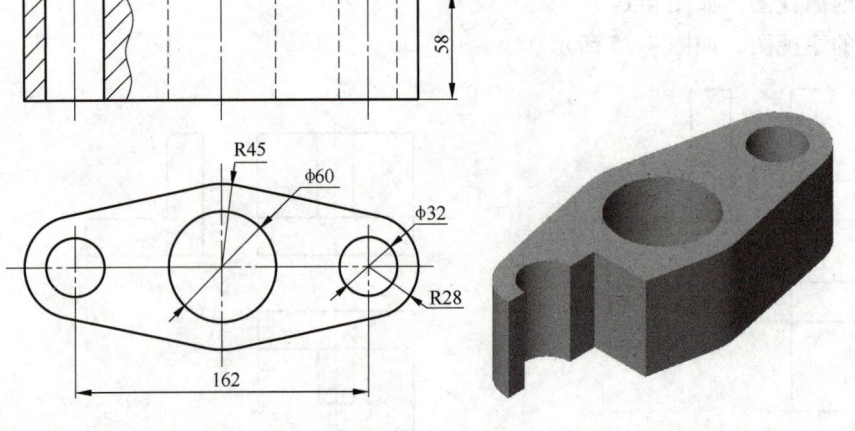

图 4-17　组合体视图（二）

分析：该组合体视图采用了局部剖，要用到"图案填充"命令。

三、绘制组合体的俯视图

绘制组合体俯视图的步骤如下。

1）绘制组合体俯视图的基准线和定位线，如图 4-18 所示。

2）绘制俯视图中的已知线段（圆弧），如图 4-19 所示。

3）绘制俯视图中的连接线段（圆弧），并修剪多余圆弧，如图 4-20 所示。注意此步中，"对象捕捉模式"只保留"切点"。

图 4-18　绘制组合体俯视图的基准线和定位线

四、绘制组合体的主视图

绘制组合体主视图的步骤如下。

1）绘制组合体主视图的基准线和定位线，如图 4-21 所示。

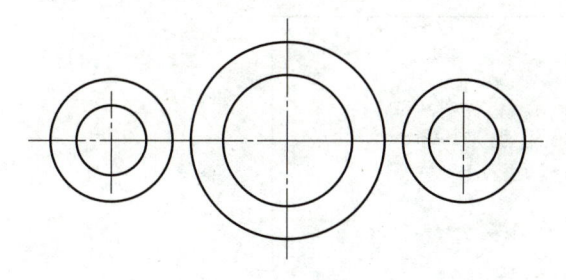

图 4-19　绘制俯视图中的已知线段（圆弧）　　　　图 4-20　绘制俯视图中的连接线段（圆弧）

2）绘制组合体主视图的外部轮廓，如图 4-22 所示。

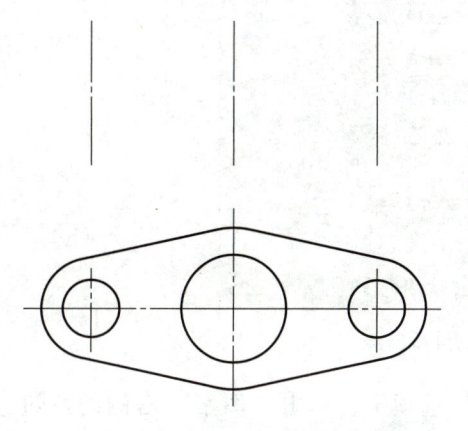

图 4-21　绘制组合体主视图的基准线和定位线　　　图 4-22　绘制组合体主视图的外部轮廓

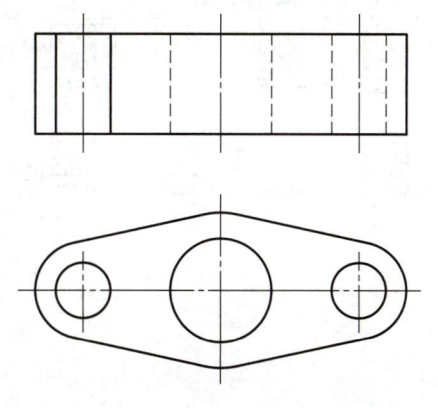

3）绘制组合体主视图的 3 个圆孔（1 个采用粗实线绘制，2 个采用细虚线绘制），如图 4-23 所示。

4）单击"绘图"工具栏上的"样条曲线"按钮，启动"样条曲线"命令。单击图 4-24 中的点 1、点 2、点 3、点 4 和点 5，右击选择"确认"，完成波浪线绘制。

图 4-23　绘制组合体主视图的 3 个圆孔　　　　　　图 4-24　绘制波浪线

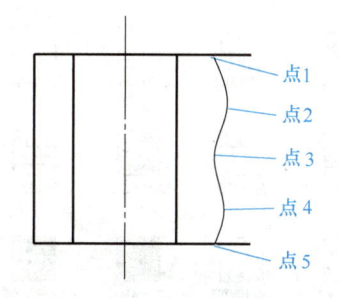

5）单击"绘图"工具栏上的"图案填充"按钮，启动"图案填充"命令，弹出"填充"对话框，如图 4-25 所示。

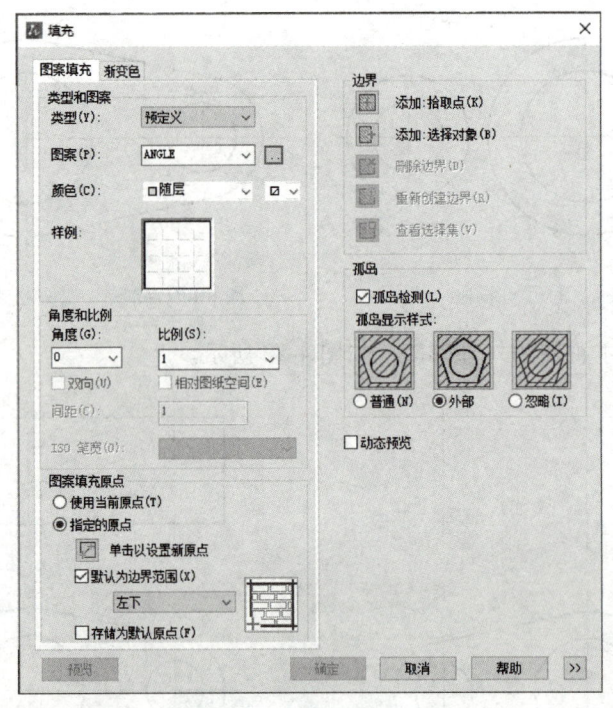

图 4-25 "填充"对话框

6) 在"填充"对话框中,选择"图案填充"选项卡,单击"图案"右侧的按钮 ⋯ ,弹出"填充图案选项板"对话框,如图 4-26 所示。

7) 在"填充图案选项板"对话框中,选择"ANSI"选项卡,选择"ANSI31",单击"确定"按钮 确定 ,如图 4-27 所示,返回至"填充"对话框。

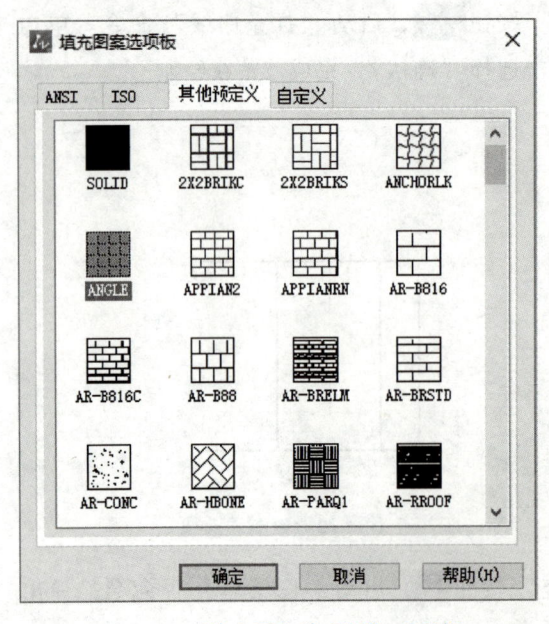

图 4-26 "填充图案选项板"对话框

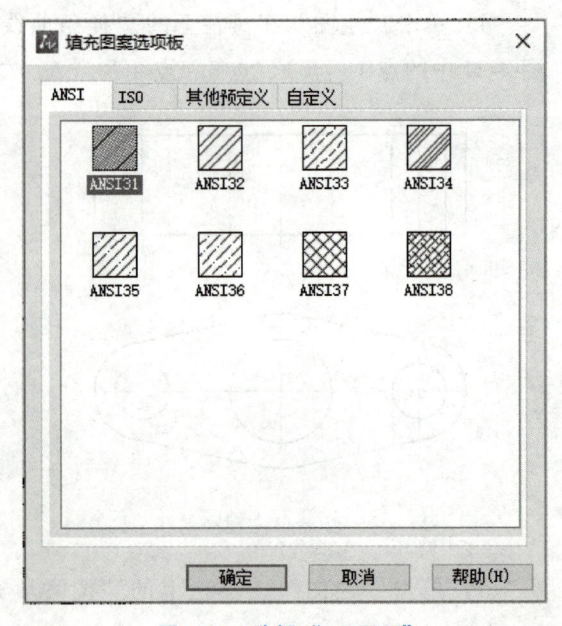

图 4-27 选择"ANSI31"

8）在"填充"对话框中，单击"添加：拾取点"按钮▨，单击要填充的 A、B 区域，右击选择"确认"。单击"确定"按钮 确定 ，完成图案填充，如图 4-28 所示。

9）双击图 4-28 中填充的图案，再次弹出"填充"对话框。"颜色"选择"黑"，"比例"设置为"2.5"，如图 4-29 所示。

10）单击"确定"按钮 确定 ，完成图案填充修改，如图 4-30 所示。

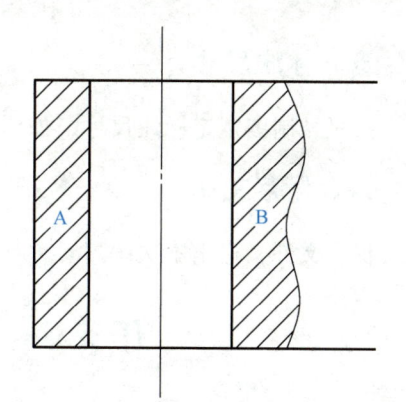

图 4-28　图案填充

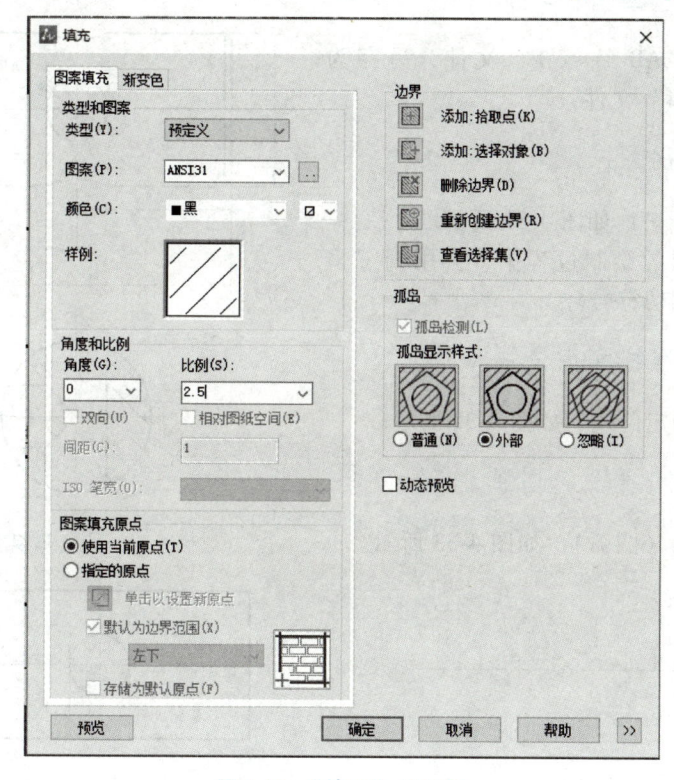

图 4-29　"填充"对话框

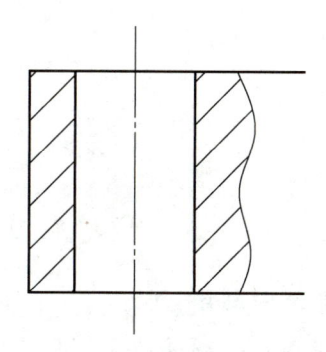

图 4-30　修改图案填充

五、标注尺寸

按机械制图规定标注尺寸，如图 4-17 所示。

六、保存文件

保存文件，退出本次练习。

任务 3　绘制组合体视图（三）

一、新建"中望 CAD 练习 14"文件

打开"中望 CAD 练习 1"文件，另存为"中望 CAD 练习 14"文件。

二、组合体视图（三）

组合体视图（三）如图 4-31 所示。
分析：该图形的绘制过程中，会用到"多段线"命令绘制剖切符号。

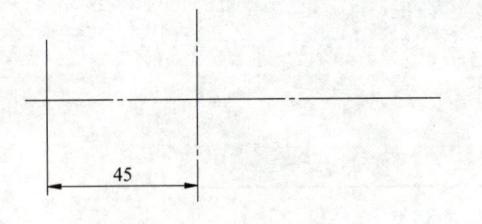

三、绘制基准线和定位线

绘制基准线和定位线，如图 4-32 所示。

四、绘制已知线段（圆弧）

绘制已知线段（圆弧），如图 4-33 所示。

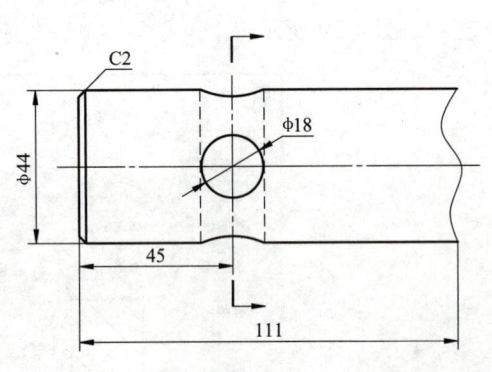

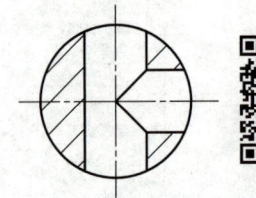

图 4-31　组合体视图（三）

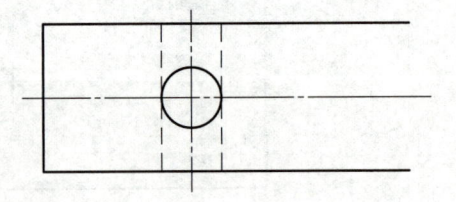

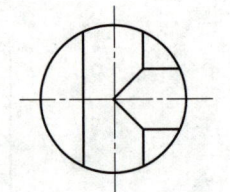

图 4-32　绘制基准线和定位线

图 4-33　绘制已知线段（圆弧）

五、绘制波浪线、图案填充和倒角

绘制波浪线、图案填充和倒角，如图 4-34 所示。

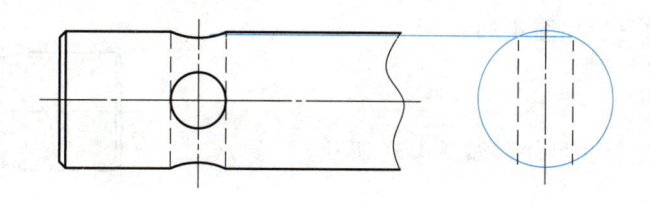

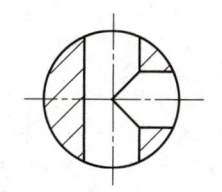

图 4-34 绘制波浪线、图案填充和倒角

六、绘制剖切符号

绘制剖切符号的步骤如下。

1）单击"绘图"工具栏上的"多段线"按钮，启动"多段线"命令。在命令行提示中，单击中心线上一点，在命令行输入"W"，按回车键；在"指定起始宽度"行输入数值"0.30"，按回车键；在"指定终止宽度"行输入数值"0.3"，按回车键；光标向上移动，输入数值"7"，按回车键，完成剖切符号粗实线段的绘制，如图 4-35 所示。

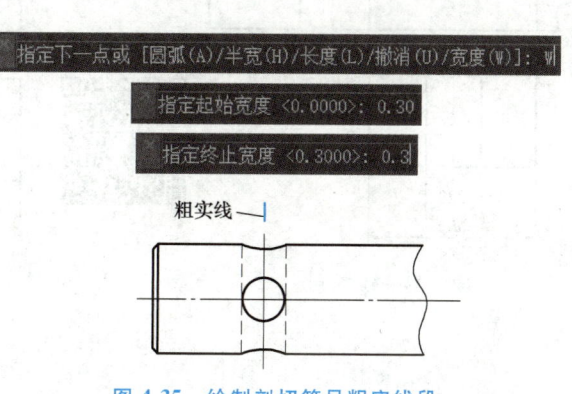

图 4-35 绘制剖切符号粗实线段

2）光标向右移动，在命令行输入"W"，按回车键；在"指定起始宽度"行输入数值"0.05"，按回车键；在"指定终止宽度"行输入数值"0.05"，按回车键；输入数值"10"，按回车键，完成剖切符号细实线段的绘制，如图 4-36 所示。

3）在命令行输入"W"，按回车键；在"指定起始宽度"行输入数值"1.33"，按回车键；在"指定终止宽度"行输入数值"0"，按回车键；输入数值"4"，按回车键，完成一侧剖切符号绘制，如图 4-37 所示。

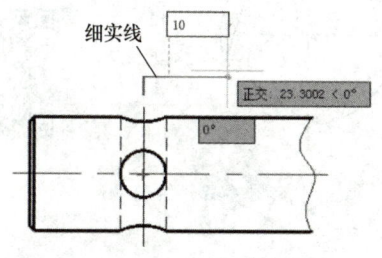

图 4-36 绘制剖切符号细实线段

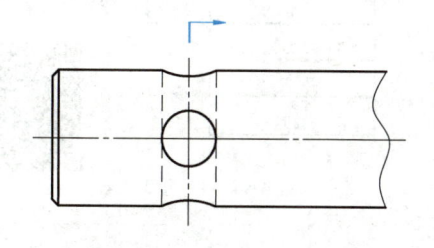

图 4-37 完成剖切符号绘制

4）镜像剖切符号，如图4-38所示。

七、标注尺寸

按机械制图规定标注尺寸，如图4-31所示。

八、保存文件

保存文件，退出本次练习。

操作练习

绘制图4-39~图4-53所示的视图，并标注尺寸。

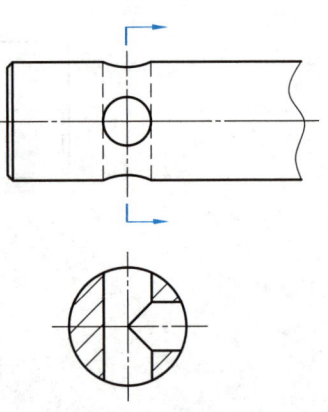

图4-38 镜像剖切符号

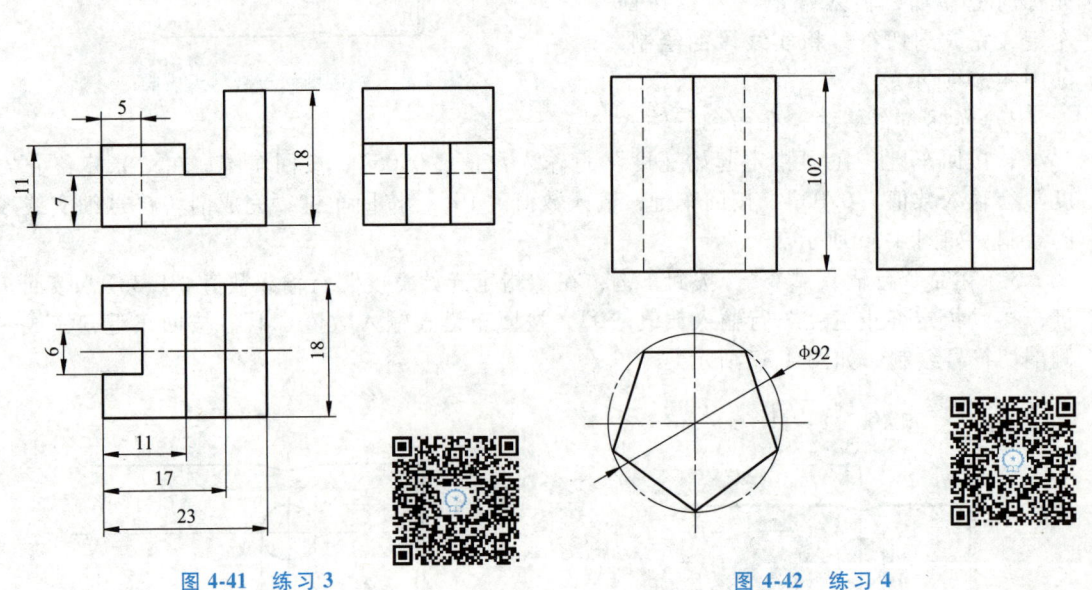

图4-39 练习1

图4-40 练习2

图4-41 练习3

图4-42 练习4

图 4-43　练习 5

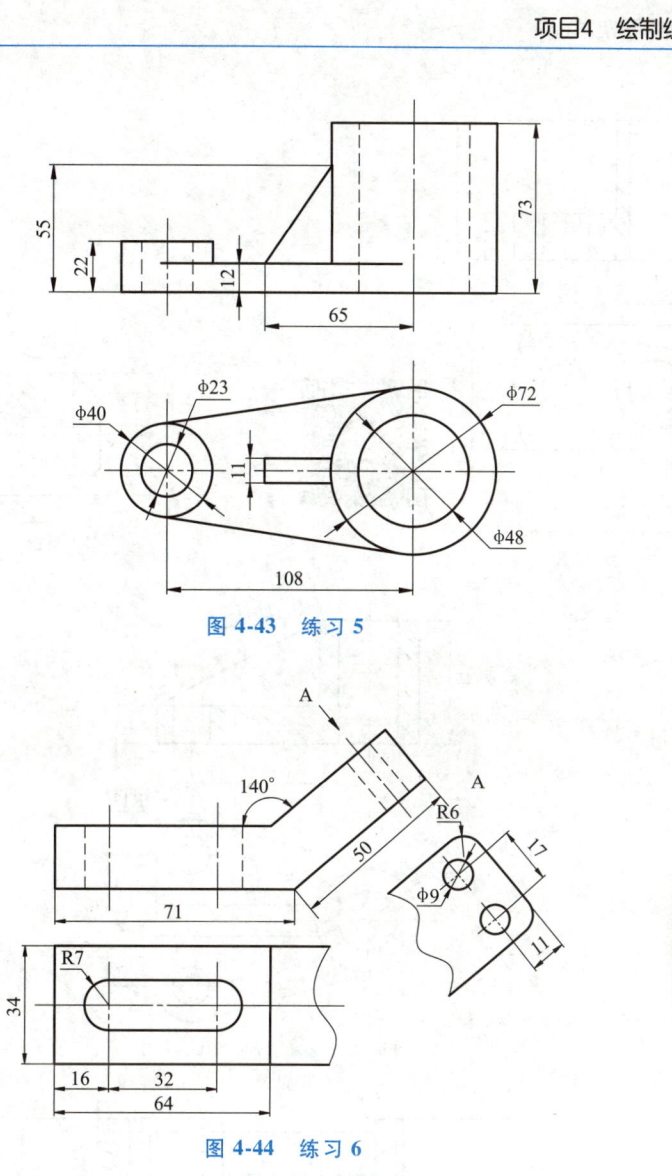

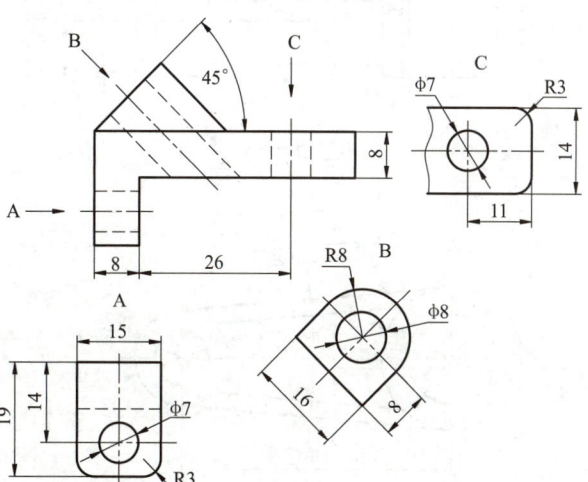

图 4-44　练习 6

图 4-45　练习 7

图 4-46 练习 8

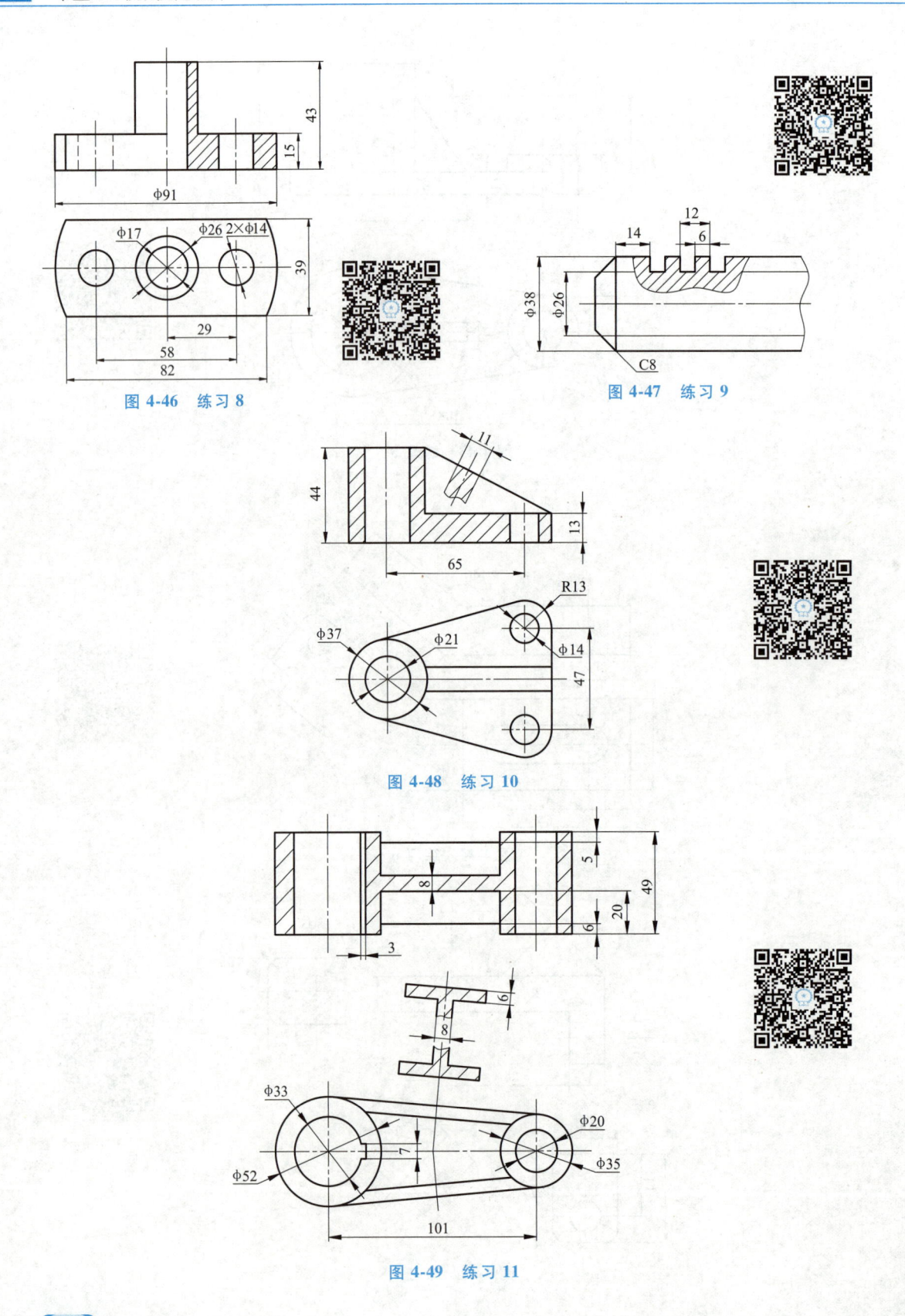

图 4-47 练习 9

图 4-48 练习 10

图 4-49 练习 11

项目4 绘制组合体的视图

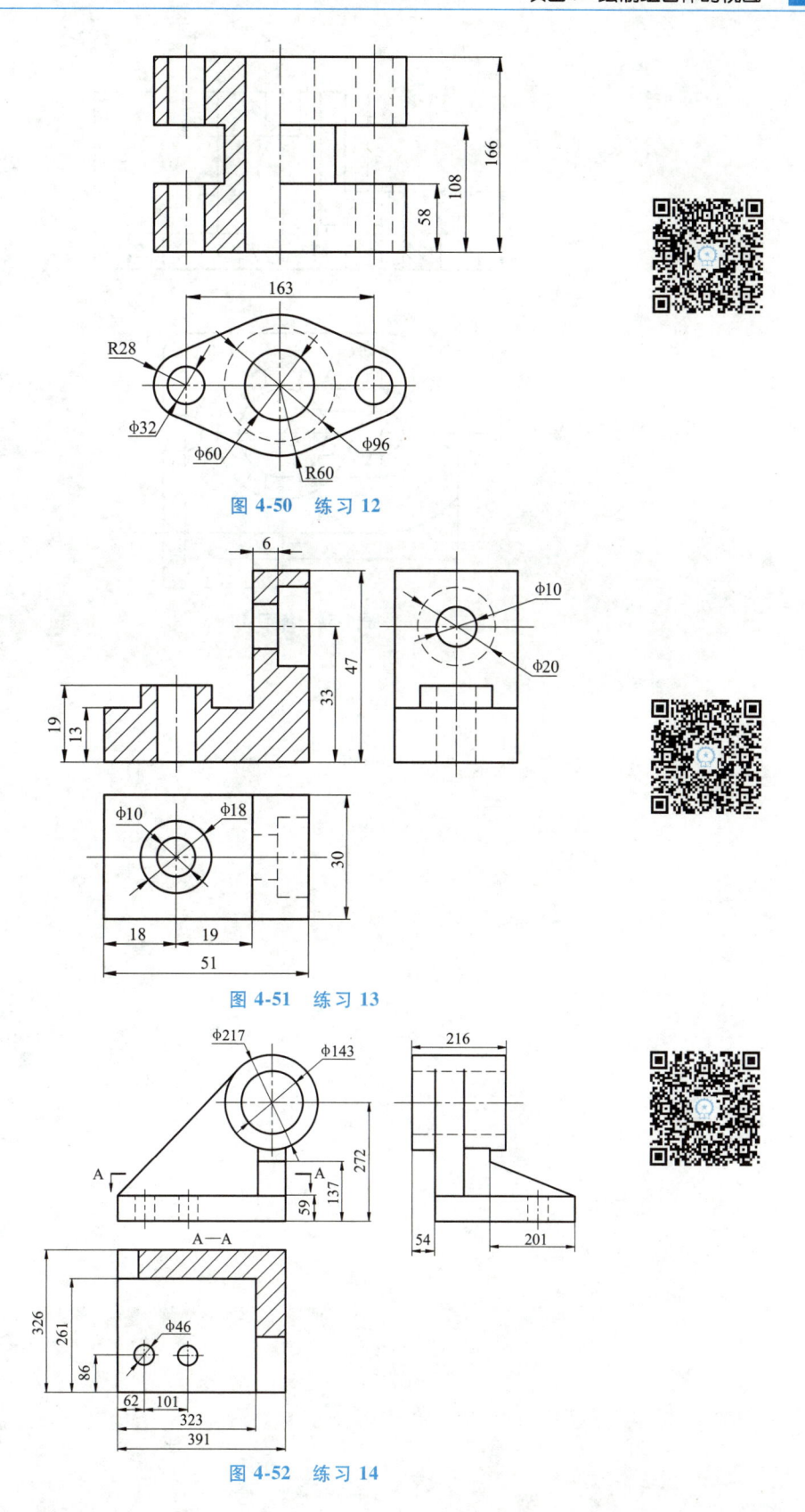

图 4-50 练习 12

图 4-51 练习 13

图 4-52 练习 14

83

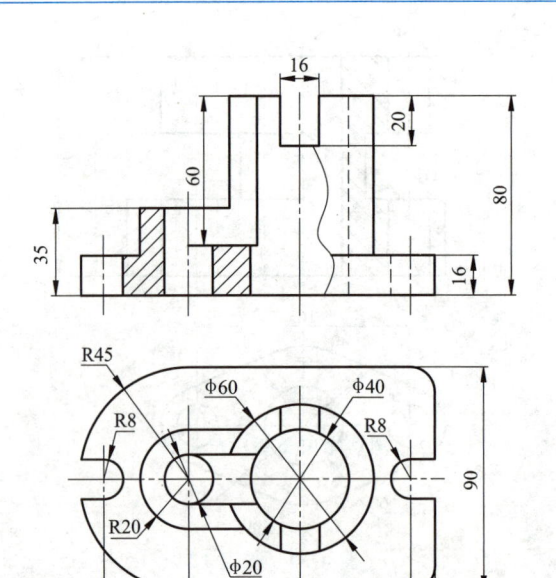

图 4-53　练习 15

项目5

绘制零件图和装配图

学习目标

1. 能编辑标注的尺寸。
2. 能按机械制图相关国家标准规定标注表面粗糙度和几何公差。

素养目标

强化标准意识，养成严谨、细致、务实和精益求精的工作作风。

案例示范

任务1　绘制零件图

一、新建"中望 CAD 练习 15"文件

打开"中望 CAD 练习 2"文件，另存为"中望 CAD 练习 15"文件。

二、零件图

进气门零件图及立体图，如图 5-1 所示。

分析：先画图形，再进行标注，然后注写技术要求，最后填写标题栏。

三、绘制进气门图形

1. 绘制基准线和定位线

绘制基准线和定位线，如图 5-2 所示。

2. 绘制已知线段

绘制已知线段，如图 5-3 所示。

3. 绘制进气门头部倒角

绘制进气门头部倒角，倒角距离为 5mm，如图 5-4 所示。

技术要求
1. 进气门头部倒角为45°。
2. 去毛刺、锐边。

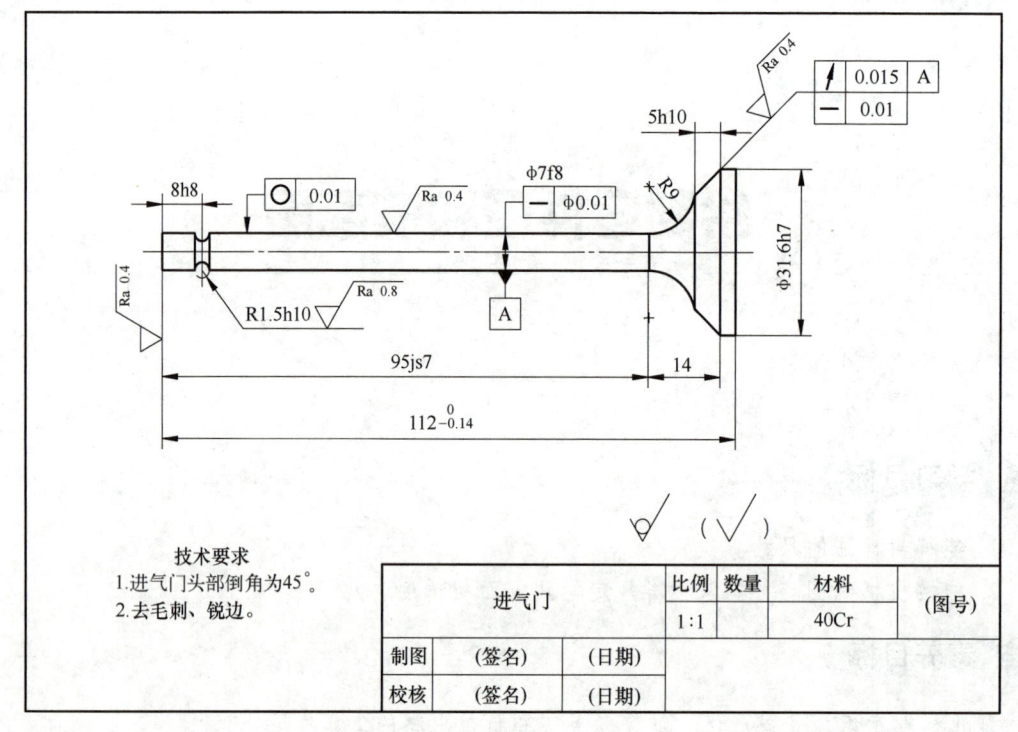

	进气门	比例	数量	材料	(图号)
		1:1		40Cr	
制图	(签名)	(日期)			
校核	(签名)	(日期)			

a) 零件图

b) 立体图

图 5-1　进气门

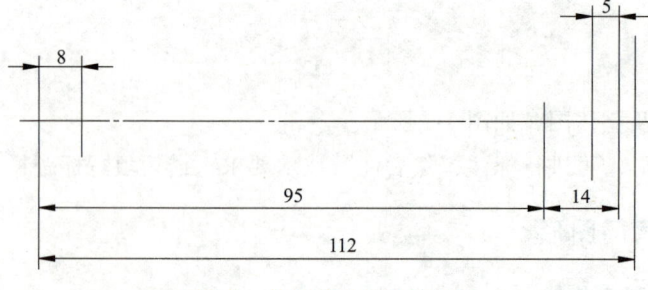

图 5-2　绘制基准线和定位线

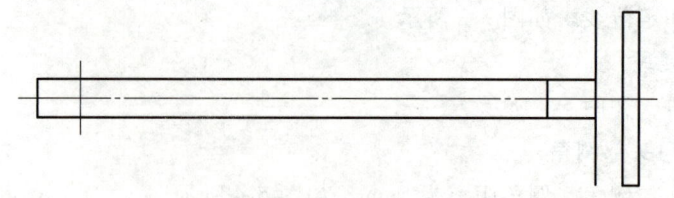

图 5-3　绘制已知线段

图 5-4　绘制进气门头部倒角

4. 绘制进气门连接弧

绘制进气门连接弧的步骤如下。

1）绘制辅助线，找到连接弧圆心，如图 5-5 所示。

2）绘制连接弧，并对连接弧做镜像处理，修剪多余的圆弧、线段，并标记连接弧圆心，如图 5-6 所示。

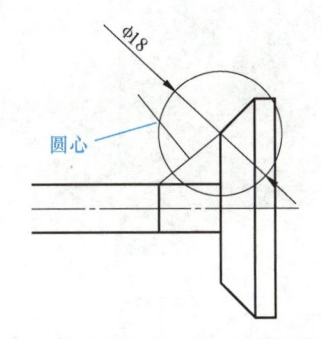

图 5-5　绘制辅助线，找到连接弧圆心

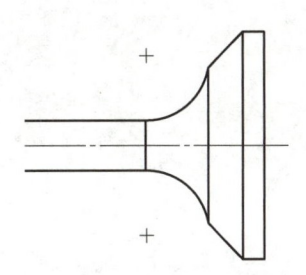

图 5-6　完成连接弧绘制

四、标注

1. 标注尺寸

标注尺寸的步骤如下。

1）标注不带上、下极限偏差的尺寸，单击"分解"按钮，然后修改尺寸，结果如图 5-7 所示。

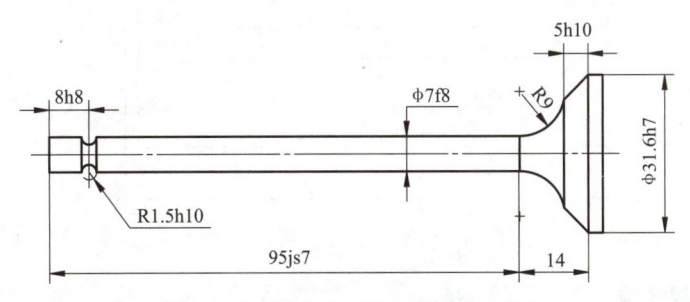

图 5-7　标注不带上、下极限偏差的尺寸

2）标注带上、下极限偏差的尺寸。单击"样式"工具栏上的"标注样式"按钮，弹出"标注样式管理器"对话框。在"标注样式管理器"对话框中，单击"替代"按钮，弹出"替代当前标注样式：ISO-25"对话框。单击"公差"选项卡，在"公差格式"栏中，

将"方式"选为"极限偏差","精度"设置为"0.00","公差下限"设置为"0.14",如图 5-8 所示。标注尺寸"$112_{-0.14}^{0}$",如图 5-9 所示。分解标注的尺寸"$112_{-0.14}^{0}$",修改上、下极限偏差的字号(小一号),如图 5-10 所示。

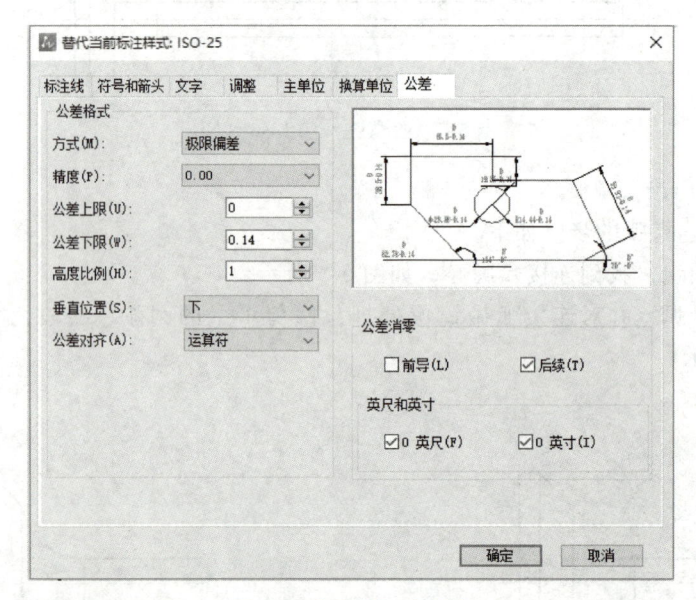

图 5-8 "公差"选项卡

图 5-9 标注尺寸"$112_{-0.14}^{0}$"

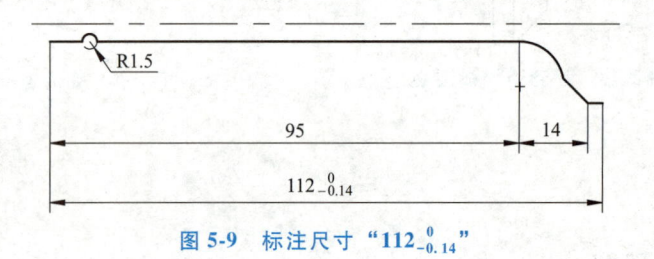

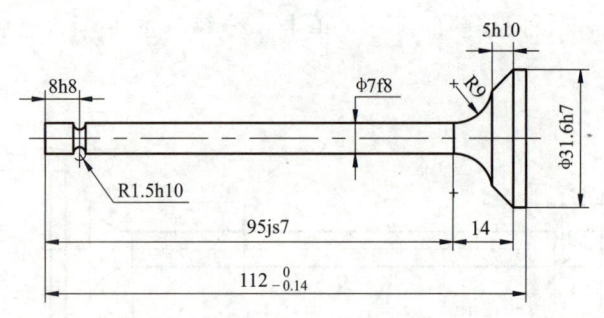

图 5-10 修改上、下极限偏差的字号

2. 标注表面粗糙度

标注表面粗糙度的步骤如下。

1)由于软件提供的表面粗糙度符号不符合机械制图相关国家标准规定,应按图 5-11 所示尺寸绘制表面粗糙度符号,图中 h 为文字高度,本任务将文字高度设置为 3mm。

2)标注表面粗糙度,如图 5-12 所示。

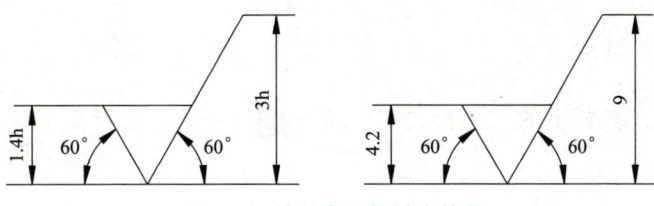

图 5-11 绘制表面粗糙度符号

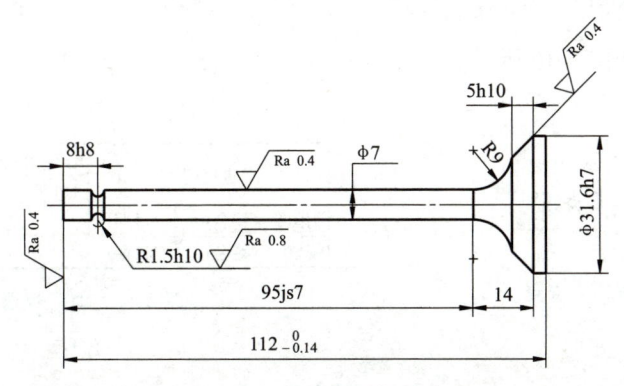

图 5-12 标注表面粗糙度

3. 标注几何公差

标注几何公差的步骤如下。

1）基准符号和几何公差框格，应按图 5-13 所示尺寸进行绘制。图中 h 为文字高度，本任务将文字高度设置为 3mm。

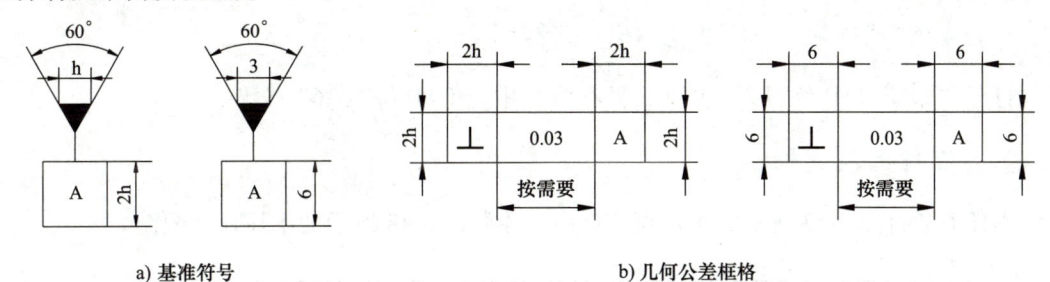

a）基准符号　　　　　　　　b）几何公差框格

图 5-13 绘制基准符号和几何公差框格

2）标注几何公差，如图 5-14 所示。

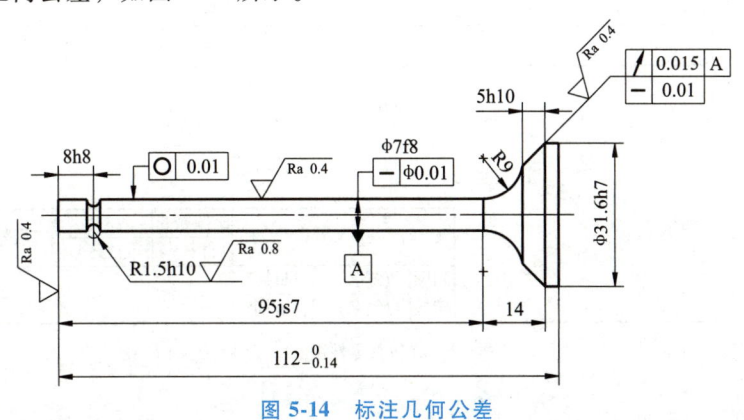

图 5-14 标注几何公差

五、注写技术要求

单击"绘图"工具栏上的"多行文字"按钮，启动"多行文字"命令，注写技术要求，如图 5-15 所示。

六、填写标题栏

填写标题栏，如图 5-16 所示。

技术要求
1. 进气门头部倒角为45°。
2. 去毛刺、锐边。

图 5-15 注写技术要求

图 5-16 填写标题栏

七、保存文件

保存文件，退出本次练习。

任务 2　绘制装配图

一、新建"中望 CAD 练习 16"文件

打开"中望 CAD 练习 2"文件，另存为"中望 CAD 练习 16"文件。

二、零件图与装配图

本任务通过图 5-17 所示的千斤顶零件图，绘制图 5-18 所示的千斤顶装配图。

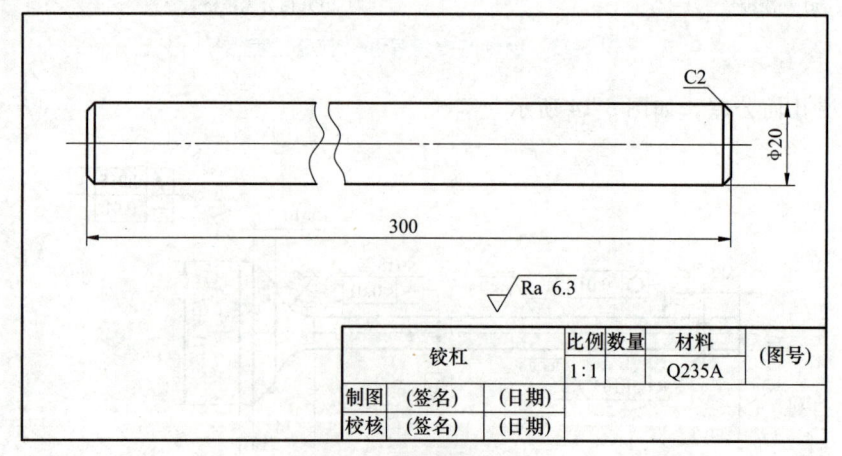

a) 铰杠零件图

图 5-17　千斤顶零件图

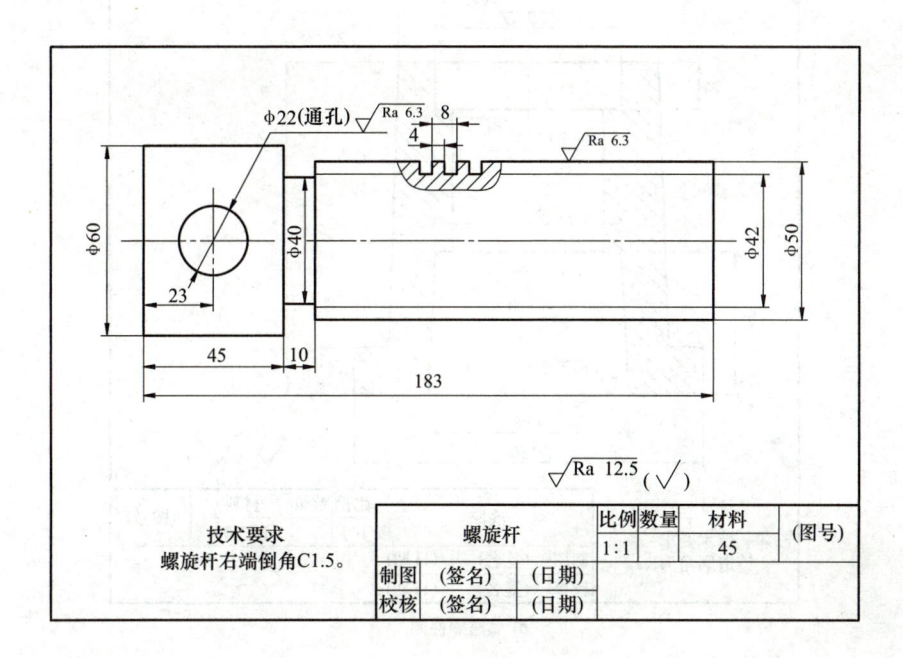

b) 螺旋杆零件图

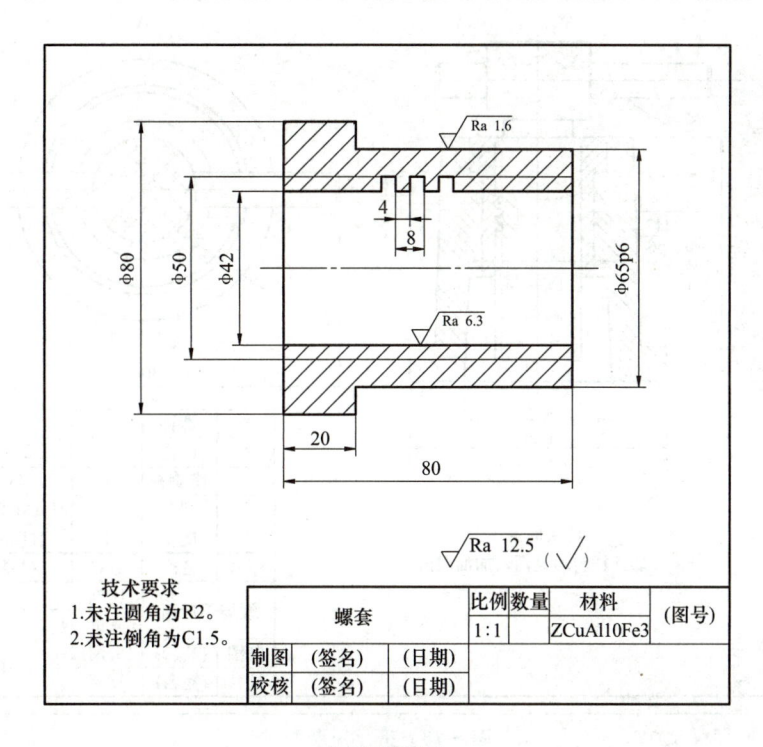

c) 螺套零件图

图 5-17 千斤顶零件图（续）

d) 底座零件图

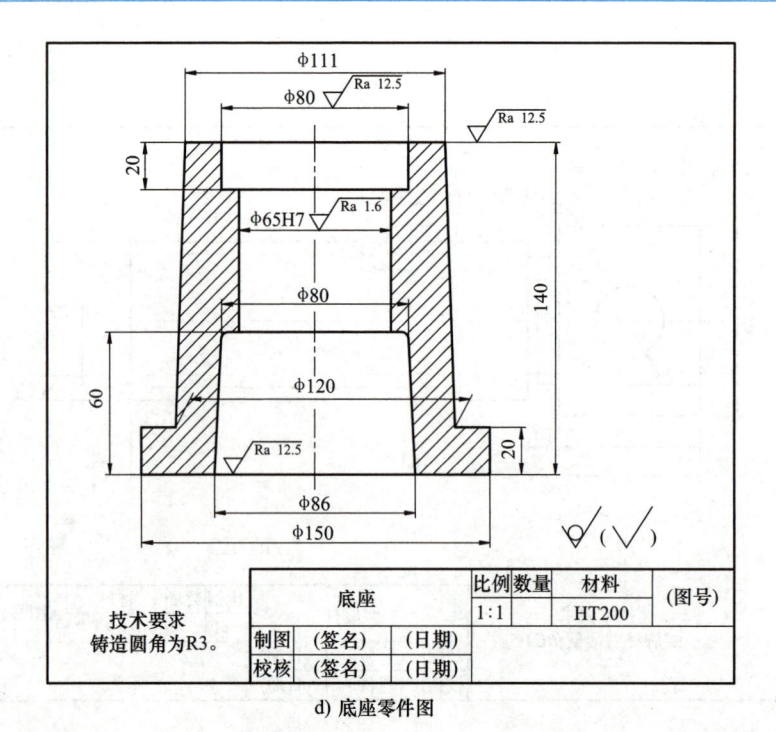

图 5-17 千斤顶零件图（续）

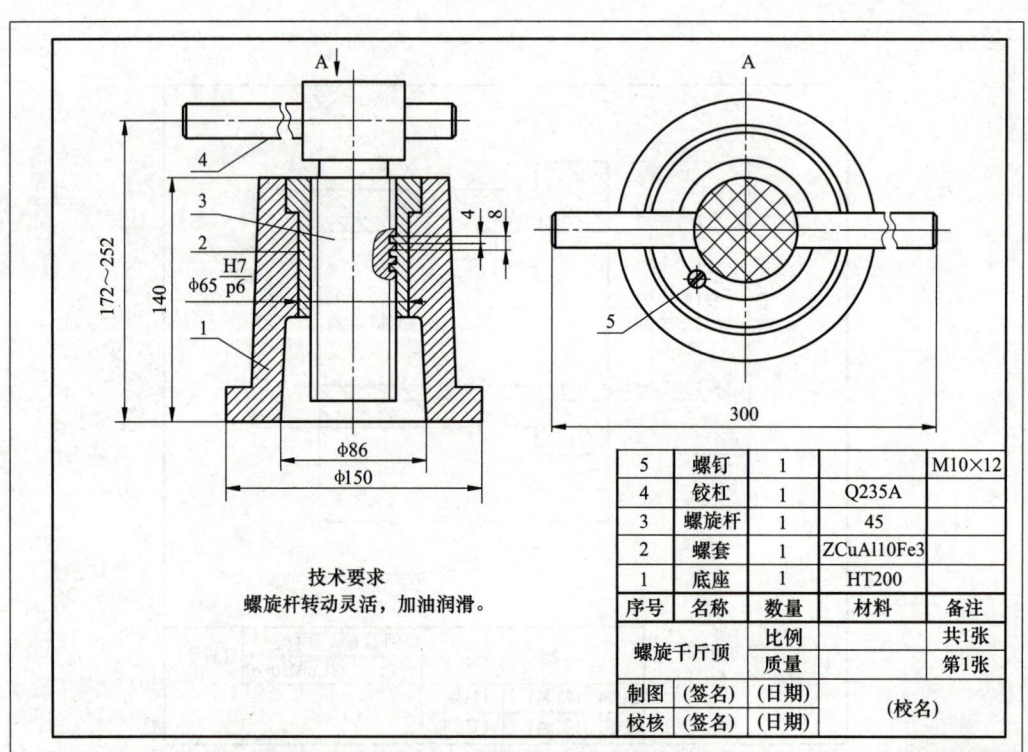

图 5-18 千斤顶装配图

分析：螺旋千斤顶又称机械式千斤顶，是由人力通过螺旋副传动，螺旋杆作为顶举件。此螺旋千斤顶由 5 个零件组成，其中螺钉为标准件。螺旋千斤顶采用主视图和 1 个向视图来表达，主视图中的底座、螺套采用全剖，螺旋杆采用局部剖，主要表达螺旋千斤顶的结构特征和各部分的装配关系；向视图主要表达螺钉的安装位置。绘制比例为 1∶1，图纸采用 A2 图纸，横装。

三、绘制装配图

绘制装配图的步骤如下。

1）重新绘制纸边界线、图框线和明细栏，如图 5-19 所示。

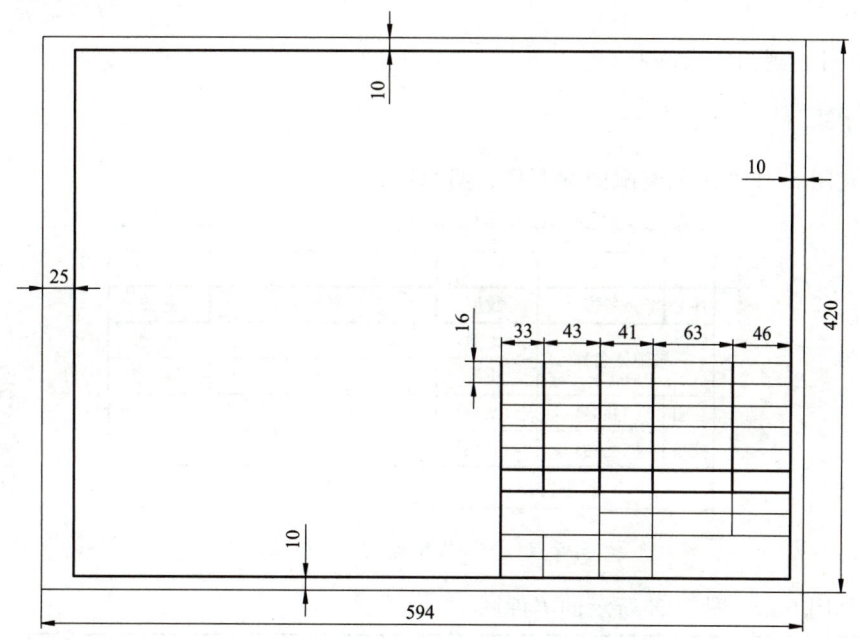

图 5-19 绘制纸边界线、图框线和明细栏

2）打开相应的零件图（中望 CAD 练习 16-1、中望 CAD 练习 16-2、中望 CAD 练习 16-3 和中望 CAD 练习 16-4）。

3）将零件图中所需图形复制到装配图中，如图 5-20 所示。

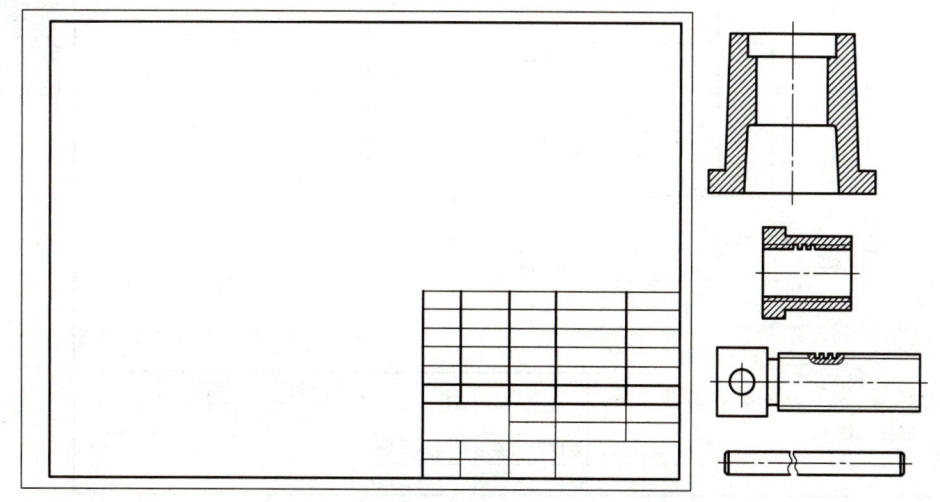

图 5-20 将零件图中所需图形复制到装配图中

4）按照装配关系，依次将图框右侧的图移到图框内，位置不符合装配关系的图形先旋转再移动，然后删除和修剪被遮住的线条。

5）标注必要的尺寸。

6）采用"多行文字"命令，注写技术要求。

7）填写装配图的标题栏、明细栏。

全部完成后，装配图如图 5-18 所示。

四、保存文件

保存文件，退出本次练习。

操作练习

1. 创建图 5-21 所示的装配图标题栏、明细栏。

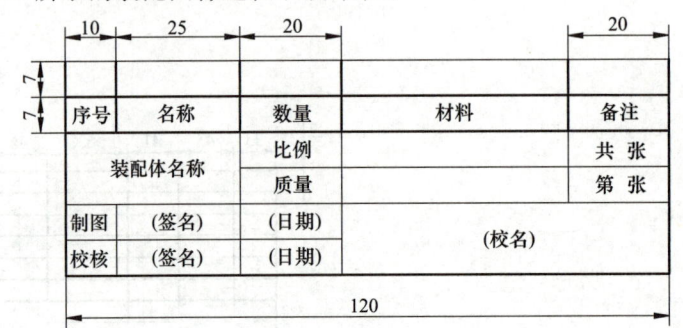

图 5-21 装配图标题栏、明细栏

2. 绘制图 5-22~图 5-28 所示的零件图。

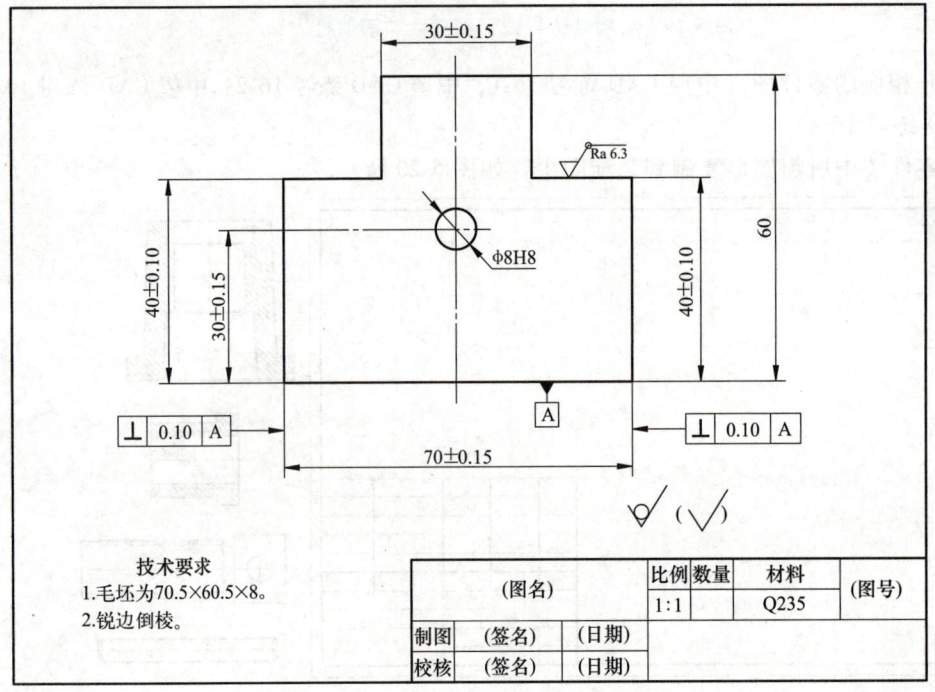

技术要求
1.毛坯为70.5×60.5×8。
2.锐边倒棱。

图 5-22 练习 1

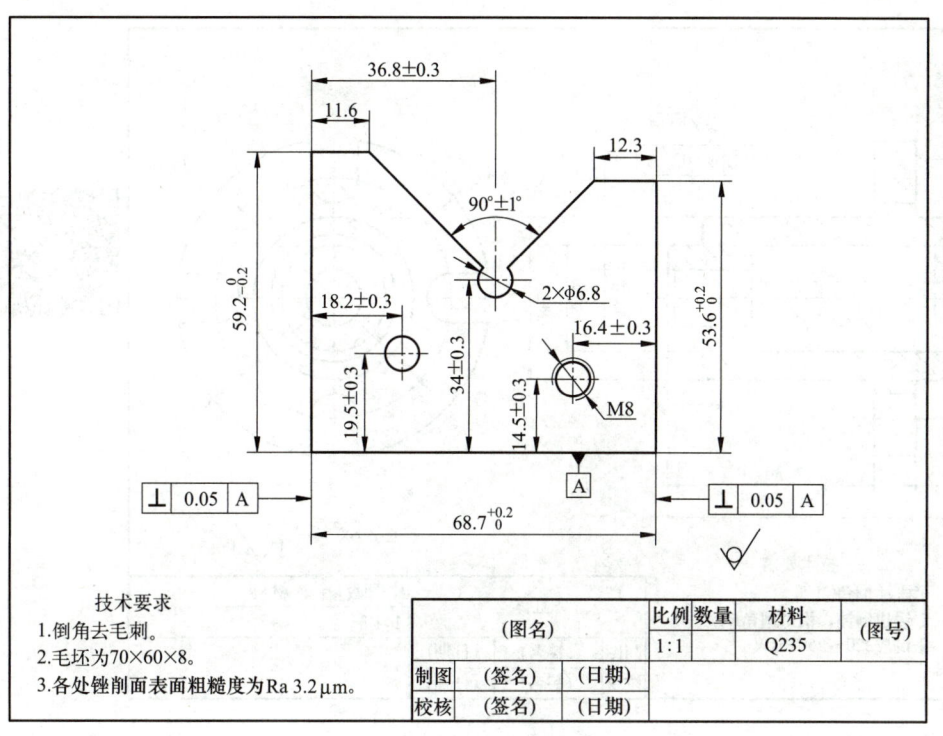

技术要求
1. 倒角去毛刺。
2. 毛坯为70×60×8。
3. 各处锉削面表面粗糙度为Ra 3.2μm。

图 5-23 练习 2

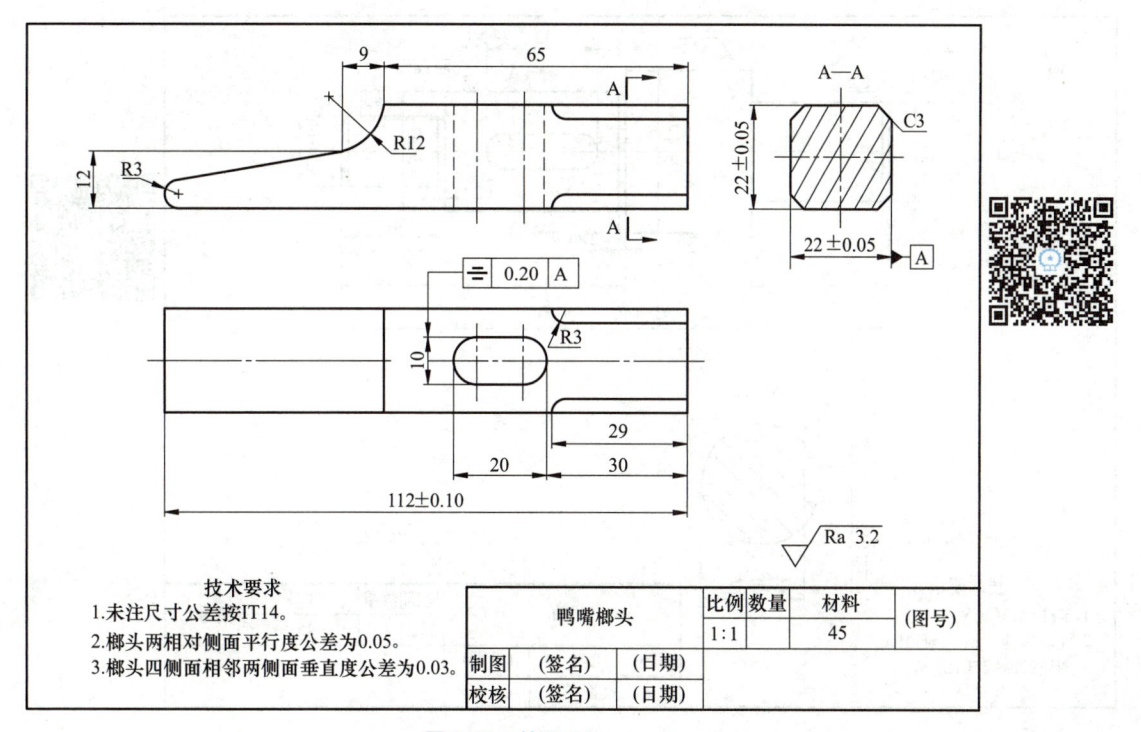

技术要求
1. 未注尺寸公差按IT14。
2. 榔头两相对侧面平行度公差为0.05。
3. 榔头四侧面相邻两侧面垂直度公差为0.03。

图 5-24 练习 3

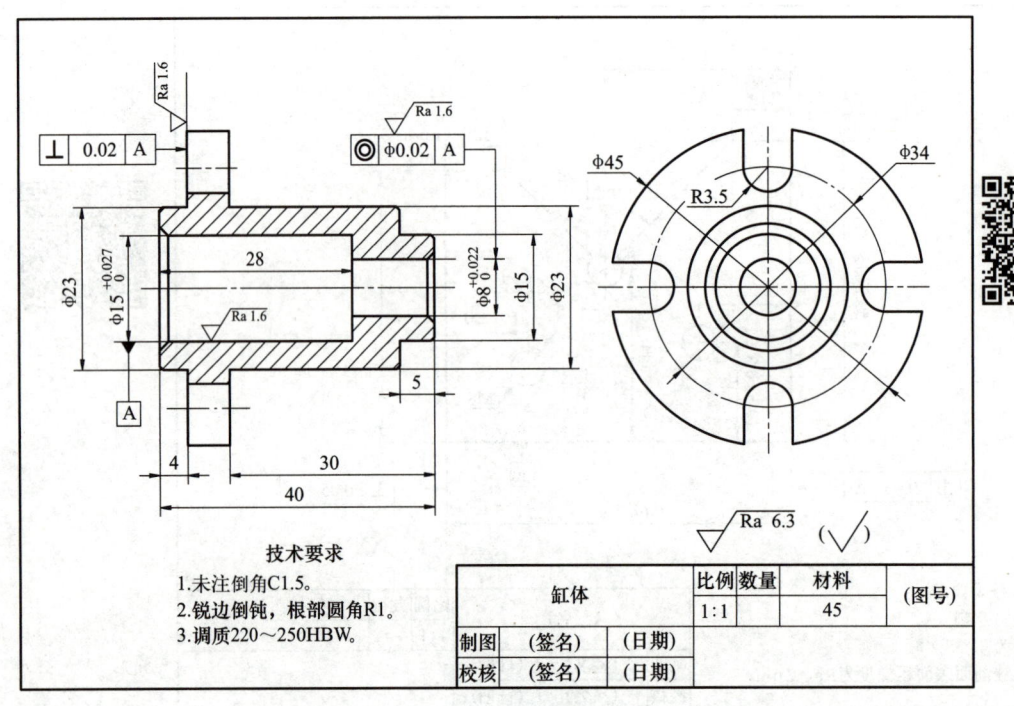

图 5-25 练习 4

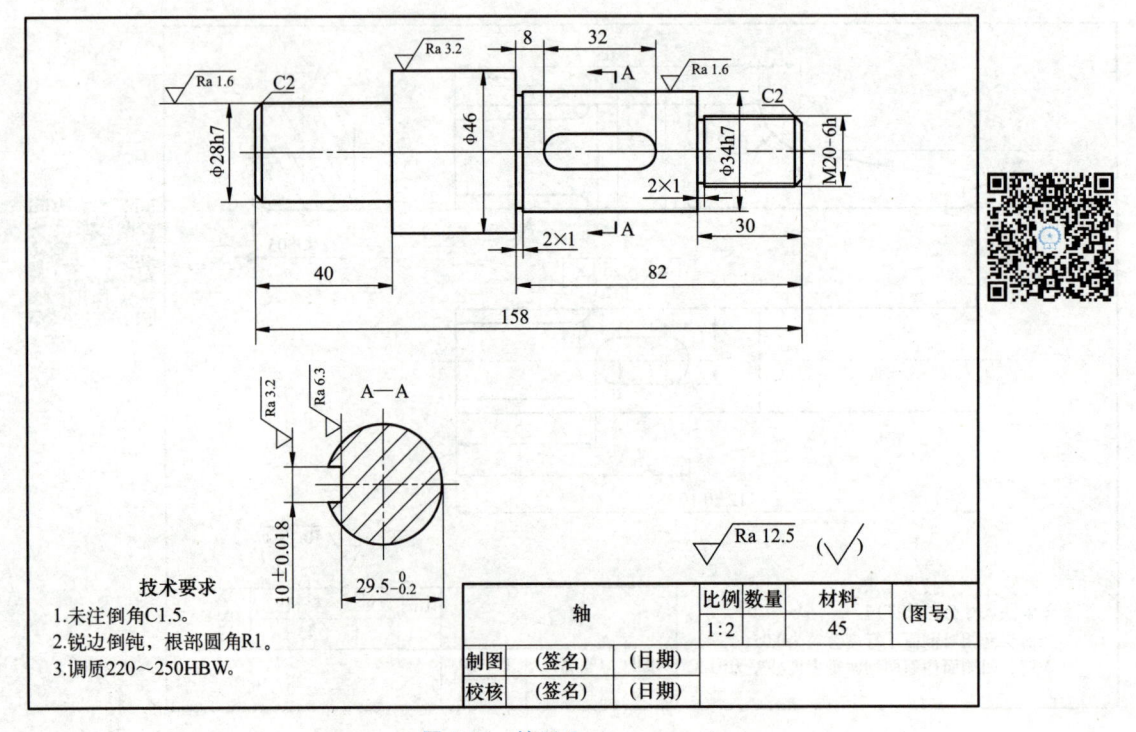

图 5-26 练习 5

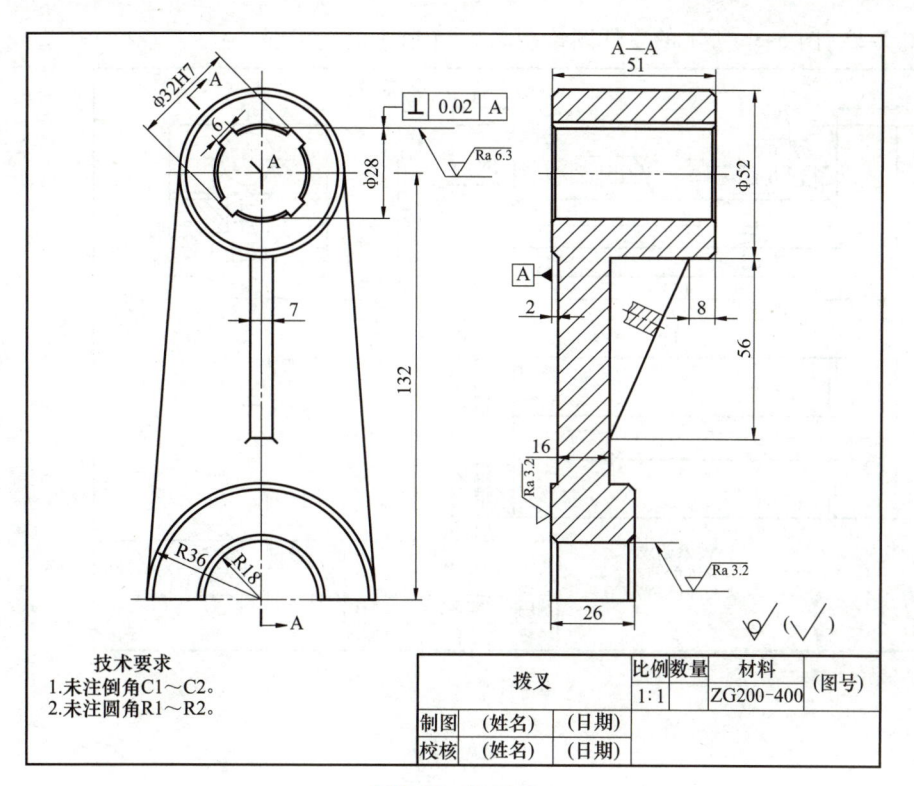

图 5-27　练习 6

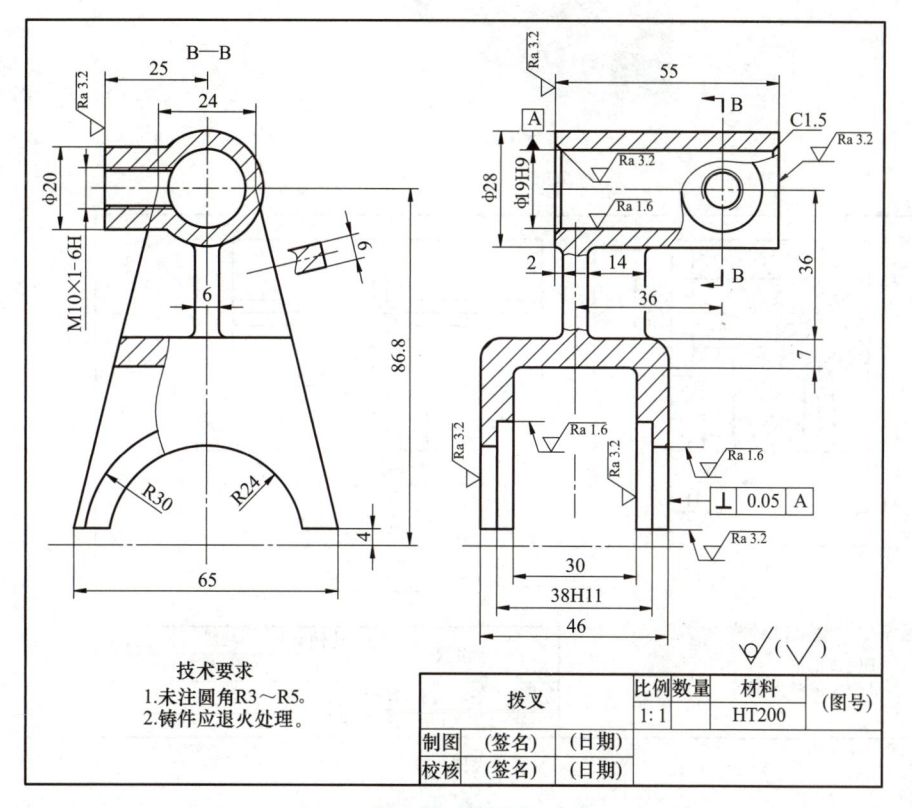

图 5-28　练习 7

3. 通过图 5-29～图 5-36 所示的零件图绘制图 5-37 所示的装配图。

a) 零件图

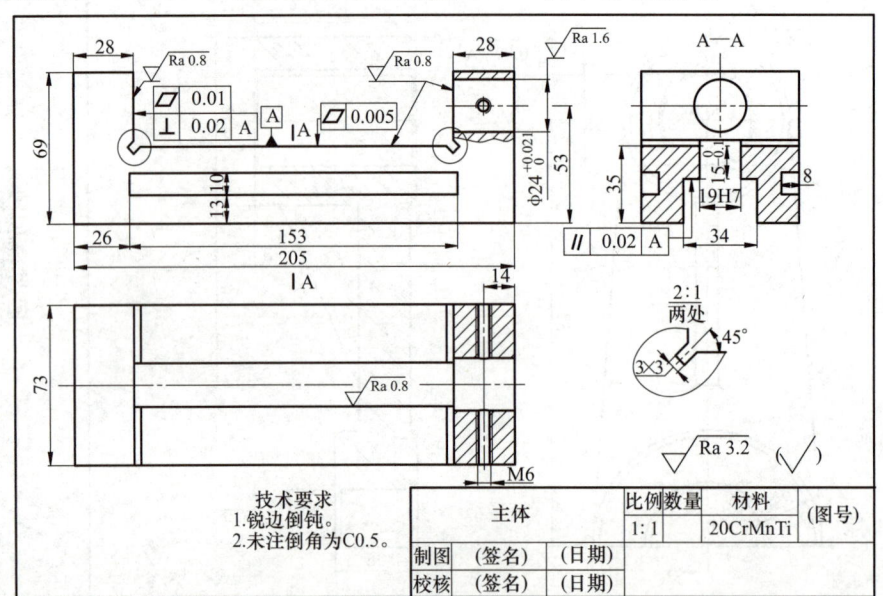

b) 立体图

图 5-29 主体

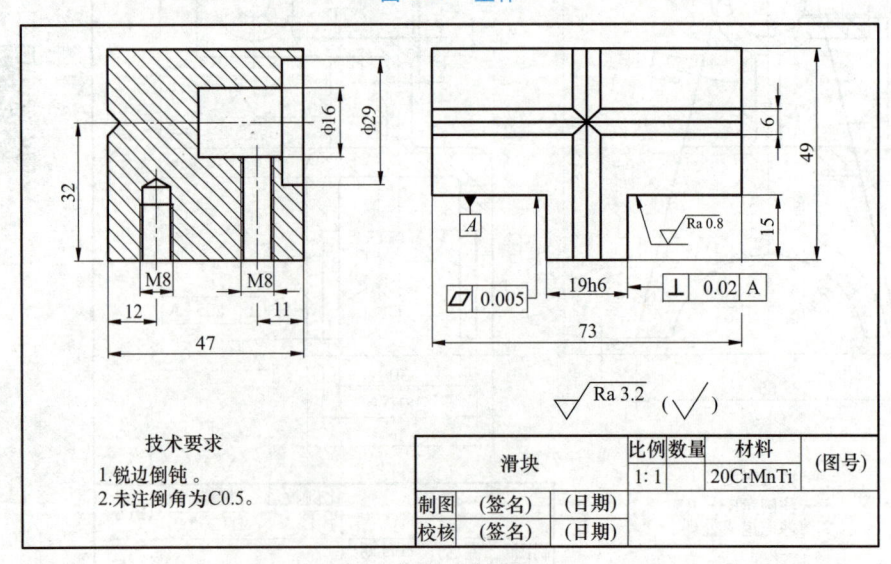

a) 零件图

图 5-30 滑块

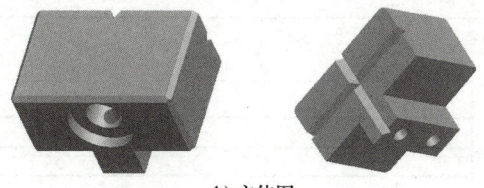

b) 立体图

图 5-30 滑块（续）

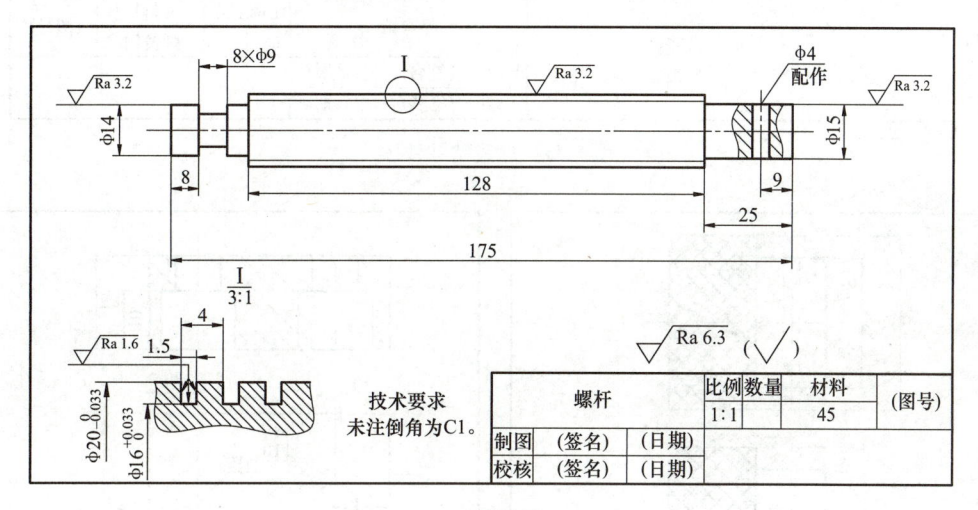

技术要求
未注倒角为C1。

a) 零件图

b) 立体图(带手柄)

图 5-31 螺杆

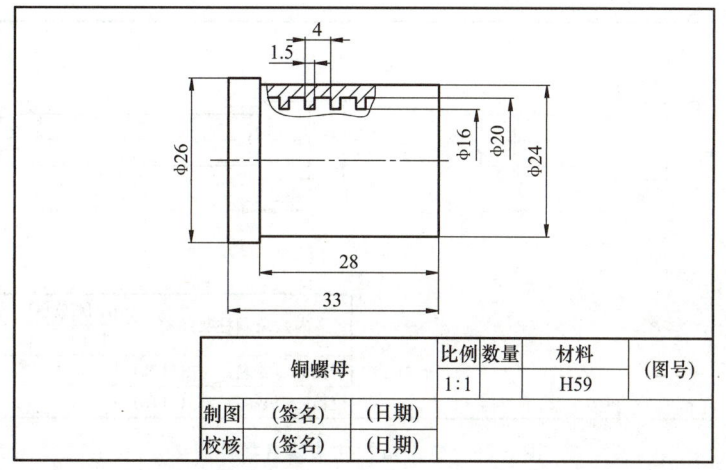

图 5-32 铜螺母零件图

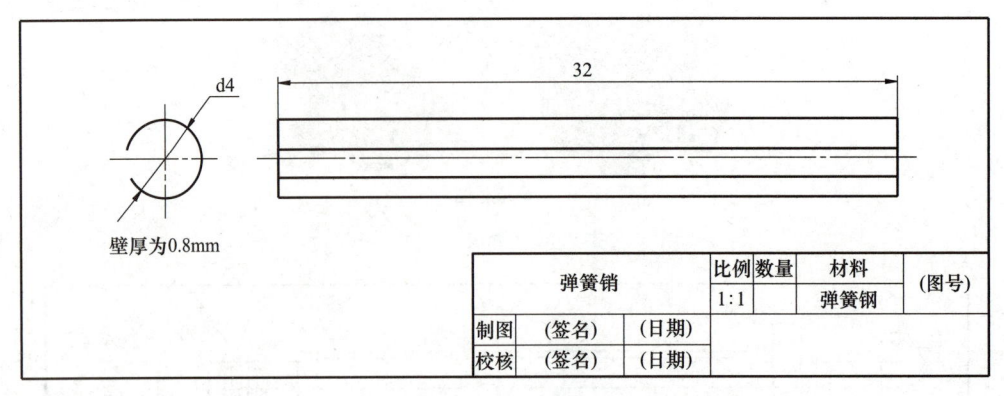

图 5-33　弹簧销零件图

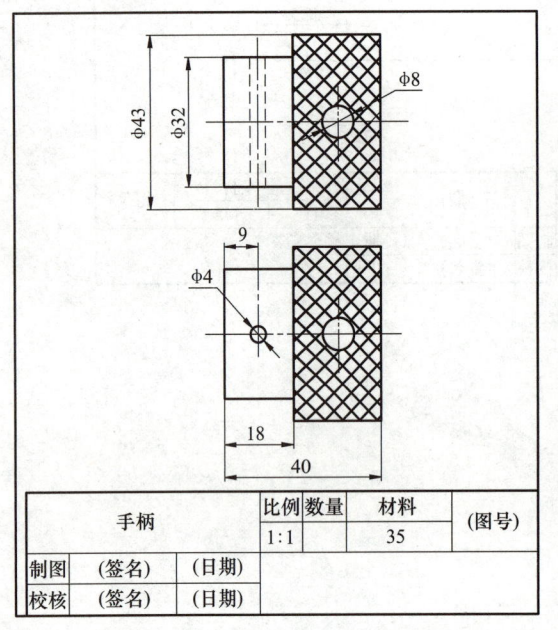

图 5-34　手柄零件图

图 5-35　导向块零件图

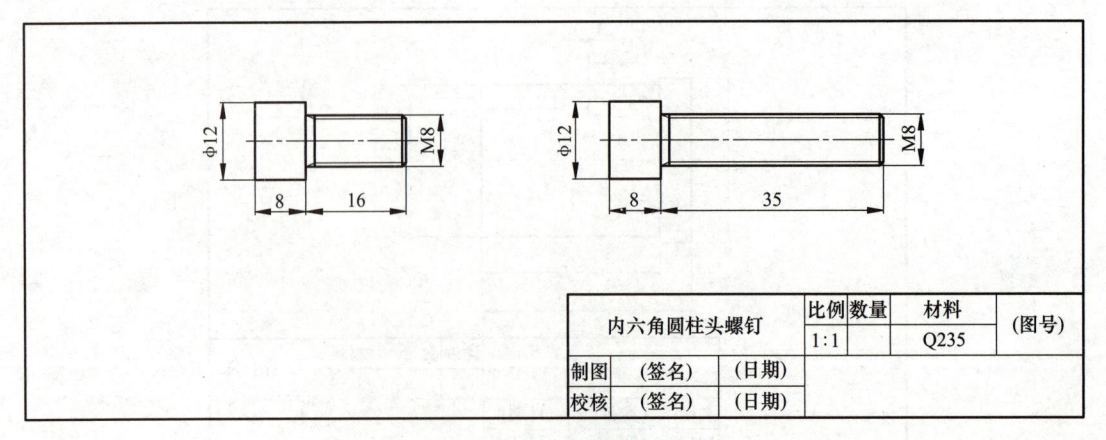

图 5-36　内六角圆柱头螺钉零件图

项目5　绘制零件图和装配图

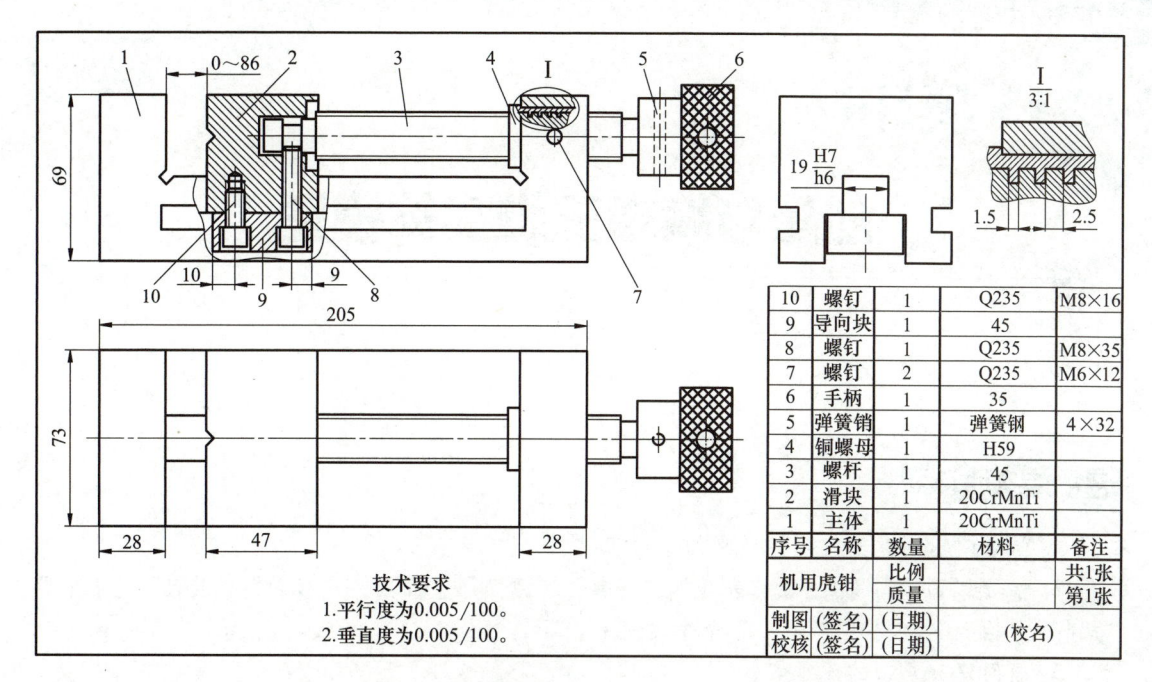

10	螺钉	1	Q235	M8×16
9	导向块	1	45	
8	螺钉	1	Q235	M8×35
7	螺钉	2	Q235	M6×12
6	手柄	1	35	
5	弹簧销	1	弹簧钢	4×32
4	铜螺母	1	H59	
3	螺杆	1	45	
2	滑块	1	20CrMnTi	
1	主体	1	20CrMnTi	
序号	名称	数量	材料	备注
机用虎钳		比例		共1张
		质量		第1张
制图	(签名)	(日期)	(校名)	
校核	(签名)	(日期)		

技术要求
1. 平行度为0.005/100。
2. 垂直度为0.005/100。

a) 装配图

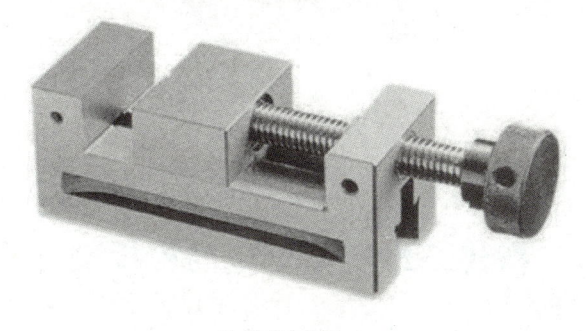

b) 装配立体图

图 5-37　机用虎钳装配图

项目6

创建与编辑三维实体模型

学习目标

1. 学会调出创建三维实体模型的常用工具栏。
2. 学习"面域""拉伸""差集""并集""倒角""圆角""移动""旋转""扫掠""放样""抽壳"和"偏移面"等命令的使用。
3. 能创建较复杂的三维实体。

素养目标

培养创新精神。

案例示范

任务1　新建三维实体模型的模板文件

一、新建"中望CAD练习17"文件

打开中望CAD机械版2024,保存文件名为"中望CAD练习17"。

二、切换工作空间

切换工作空间的步骤如下。

1) 单击状态栏上的"设置工作空间"按钮 ✦,弹出"设置工作空间"下拉菜单,如图6-1所示。

2) 在"设置工作空间"下拉菜单中勾选"二维草图与注释",切换到"二维草图与注释"工作空间,然后单击"实体"选项卡,进入"实体"模型空间,如图6-2所示。

图6-1　"设置工作空间"下拉菜单

三、调出创建实体的常用工具栏

调出创建实体的常用工具栏的步骤如下。

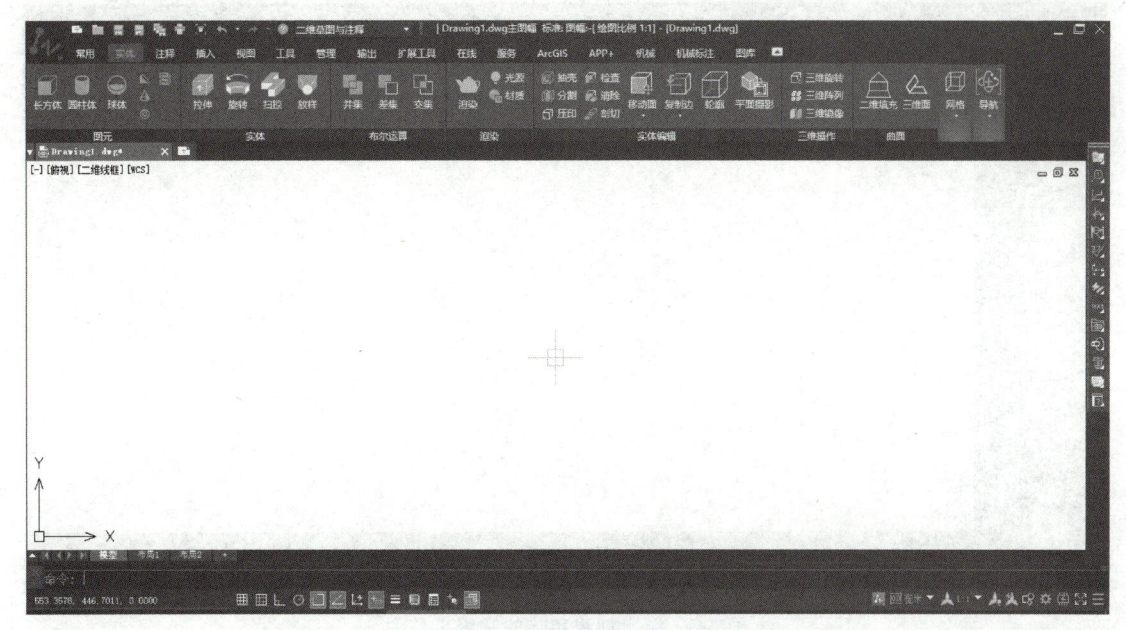

图 6-2 "实体"模型空间

1）单击状态栏上的"设置工作空间"按钮 ✿，弹出"设置工作空间"下拉菜单。在"设置工作空间"对话框中选择"工具栏"，弹出"定制工具栏"对话框，如图 6-3 所示。

图 6-3 "定制工具栏"对话框

2）在"定制工具栏"对话框中，"菜单组"选择"ZWCAD"，在"工具栏"列表框中勾选"绘图""修改""视图""实体""实体编辑"和"着色"，然后单击"确定"按钮 确定 。拖动工具栏到绘图区的左侧，如图 6-4 所示。

"视图"工具栏如图 6-5 所示。

"实体"工具栏如图 6-6 所示。

"实体编辑"工具栏如图 6-7 所示。

中望CAD机械绘图技术

图 6-4 调出创建实体的常用工具栏

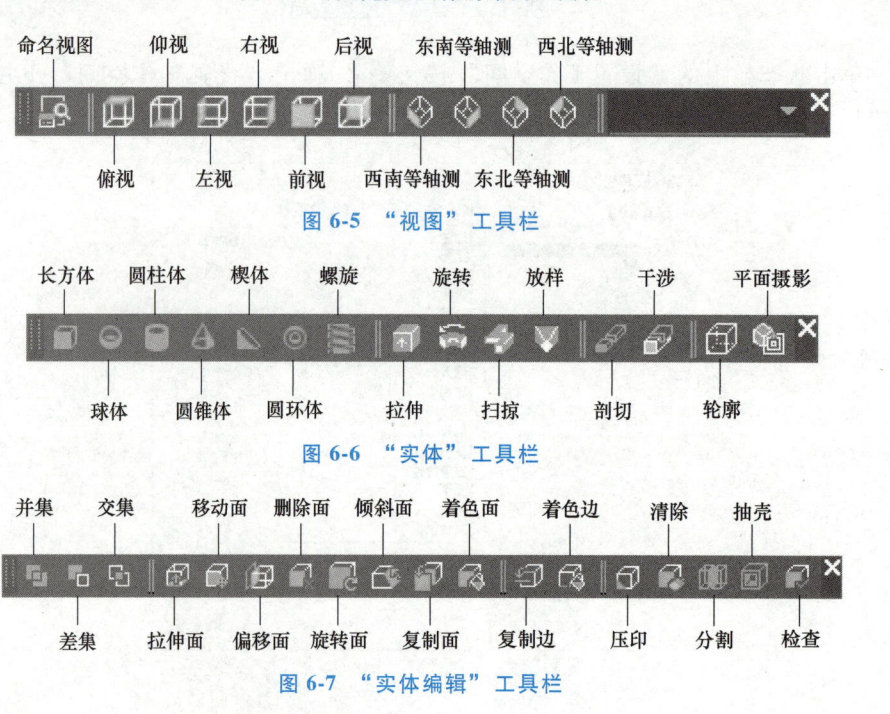

图 6-5 "视图"工具栏

图 6-6 "实体"工具栏

图 6-7 "实体编辑"工具栏

"着色"工具栏如图 6-8 所示。

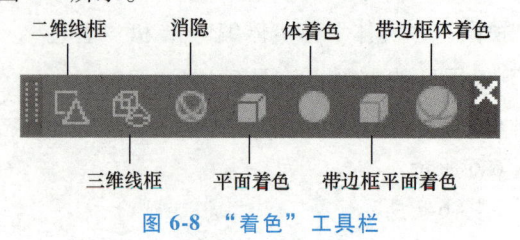

图 6-8 "着色"工具栏

四、改变体着色

1）按〈Ctrl+1〉键，调出"特性"面板，如图 6-9 所示。
2）单击"颜色"右侧的下拉箭头，在弹出的下拉菜单中选择"选择颜色"，打开"选择颜色"对话框，"颜色"选择"253"，然后单击"确定"按钮 确定 ，如图 6-10 所示。

图 6-9　"特性"面板

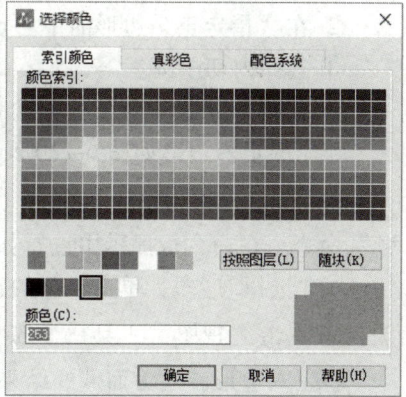

图 6-10　改变体着色

五、保存文件

保存文件，退出本次练习。

任务 2　创建简单的三维实体模型

一、创建带孔的正六棱柱三维实体模型

1. 零件图

带孔的正六棱柱如图 6-11 所示。
分析：带孔的正六棱柱有以下 2 种创建方法。
方法 1　先创建带孔的正六边形面域，然后拉伸创建实体。
方法 2　先创建正六棱柱，再创建圆柱体，最后利用"差集"命令得到孔。
本任务采用方法 2，并以带孔正六棱柱的底面中心作为坐标系原点。

2. 新建"中望 CAD 练习 18"文件

打开"中望 CAD 练习 17"文件，另存为"中望 CAD 练习 18"文件。

3. 创建带孔的正六棱柱三维实体模型

创建带孔的正六棱柱三维实体模型的步骤如下。

1）单击"视图"工具栏上的"俯视"按钮，将视图转到俯视图。

2）绘制正六边形。单击"绘图"工具栏上的"正多边形"按钮，启动"正多边形"命令。在命令行提示中进行如下操作：

① 在"输入边的数目"中输入"6"，按回车键。

② 在"指定正多边形的中心点"中输入"0，0，0"，按回车键。

③ 选择内切于圆。

④ 在"指定圆的半径"中输入"48"，按回车键。

绘制的正六边形如图 6-12 所示。

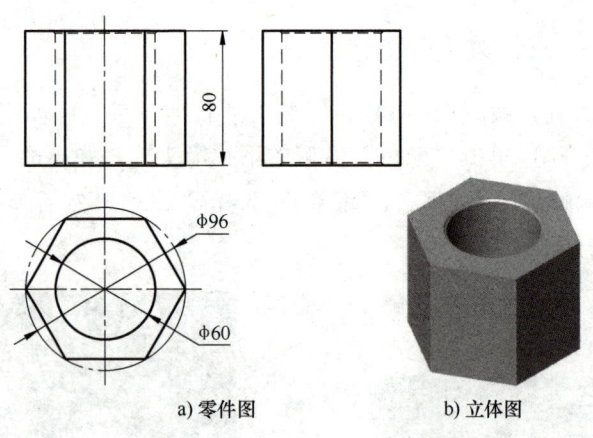

图 6-11 带孔的正六棱柱
a) 零件图 b) 立体图

3）将正六边形转换为面域。单击"绘图"工具栏上的"面域"按钮，启动"面域"命令。在命令行提示中进行如下操作：

①"选择对象"：单击绘制的正六边形，右击选择"确认"。

② 单击"视图"工具栏上的"西南等轴测"按钮，将视图转到西南等轴测。

将正六边形转换为面域的结果如图 6-13 所示。

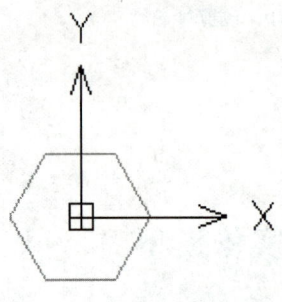

图 6-12 绘制的正六边形

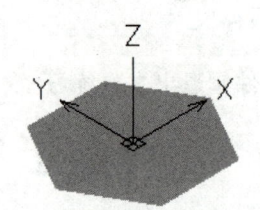

图 6-13 正六边形转换为面域

【温馨提示】

创建实体过程中，在使用"拉伸""旋转""扫掠"和"放样"命令前，若图形不是一个独立的整体（如绘制的圆、椭圆、"正多边形"命令绘制的正多边形等），要将图形转换为面域。

4）创建正六棱柱。单击"实体"工具栏上的"拉伸"按钮，启动"拉伸"命令。在命令行提示中进行下操作：

①"选择对象"：单击转换的正六边形面域，右击选择"确认"。

② 拉伸方向选择 Z 轴正方向。

③ 在"指定拉伸高度"中输入"80",按回车键。

创建的正六棱柱如图 6-14 所示。

5) 绘制圆。

① 单击"视图"工具栏上的"俯视"按钮▣,将视图转到俯视图。

② 单击"着色"工具栏上的"二维线框"按钮▣,结果如图 6-15 所示。

③ 单击"绘图"工具栏上的"圆"按钮▣,启动"圆"命令。在命令行提示下,将圆心设置为(0,0,0),半径设置为 30mm,绘制的圆如图 6-16 所示。

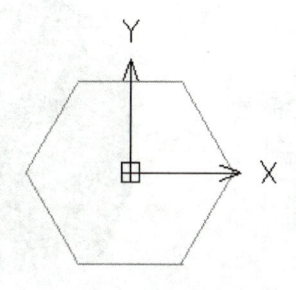

图 6-14 创建的正六棱柱　　图 6-15 显示二维线框　　图 6-16 绘制的圆

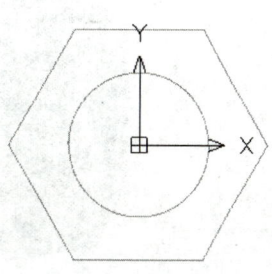

6) 将圆转换为面域。单击"绘图"工具栏上的"面域"按钮▣,启动"面域"命令。在命令行提示中进行如下操作:

①"选择对象":单击绘制的圆,右击选择"确认"。

② 单击"视图"工具栏上的"西南等轴测"按钮▣,将视图转到西南等轴测。

将圆转换为面域的结果如图 6-17 所示。

7) 创建圆柱体。单击"实体"工具栏上的"拉伸"按钮▣,启动"拉伸"命令。在命令行提示中进行如下操作:

①"选择对象":单击转换的圆面域,右击选择"确认"。

② 拉伸方向选择 Z 轴正方向。

③"指定拉伸高度"设置为"80",按回车键。

创建的圆柱体如图 6-18 所示。

8) 创建圆柱孔。单击"实体编辑"工具栏上的"差集"按钮▣,启动"差集"命令。在命令行提示中进行如下操作:

①"选择要从中减去的实体":单击正六棱柱,右击选择"确认";

②"选择要减去的实体":单击圆柱体,右击选择"确认"。

③ 单击"着色"工具栏上的"体着色"按钮▣。

创建的圆柱孔如图 6-19 所示。

9) 创建孔口处的倒角。单击"修改"工具栏上的"倒角"按钮▣,启动"倒角"命令。在命令行提示中进行如下操作:

①"选择第一条直线":单击孔口曲线,结果如图 6-20a 所示。单击图 6-20a 中"下一个",结果如图 6-20b 所示,再单击"当前"。

图 6-17　圆转换为面域　　　　图 6-18　创建的圆柱体　　　　图 6-19　创建的圆柱孔

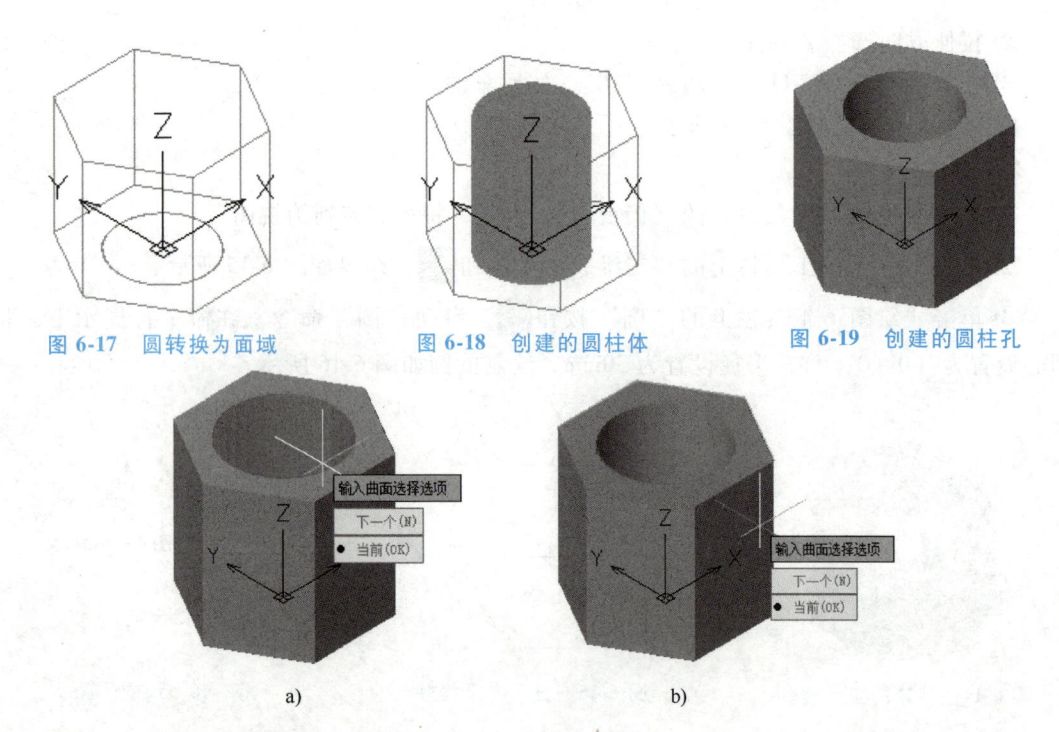

a)　　　　　　　　　　　　　　b)

图 6-20　单击孔口曲线

② "指定基准对象的倒角距离"：输入 "1.5"，按回车键。

③ "指定另一个对象的倒角距离"：输入 "1.5"，按回车键。

④ "选择边"：单击孔口曲线，右击选择 "确认"。

创建的一端孔口倒角如图 6-21 所示。

⑤ 使用相同方法创建另一端孔口的倒角。

【温馨提示】

按住〈Shift〉键+鼠标中键可以 360°旋转实体。

4. 输出 JPG 图片

输出 JPG 图片的步骤如下。

1）在"视图"选项卡中，单击"坐标"下拉按钮→"在原点隐藏 UCS 图标"，如图 6-22 所示。

图 6-21　创建的一端孔口倒角 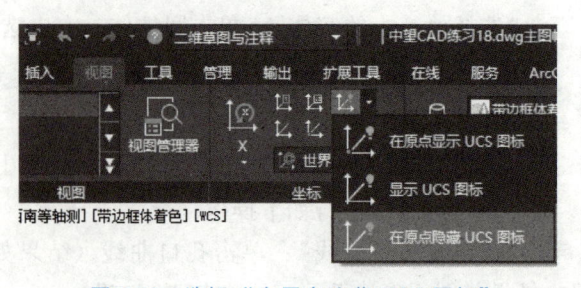　　　　图 6-22　选择"在原点隐藏 UCS 图标"

2）在"输出"选项卡中，单击"输出"按钮，弹出"输出数据"对话框，如图6-23所示。

图 6-23 "输出数据"对话框

3）在"输出数据"对话框中，将"保存于"选择为桌面"中望CAD练习"文件夹，"文件名"为"中望CAD练习18"，"文件类型"为"Jpg"。

4）单击"保存"按钮 保存(S) 。弹出"请选择输出的实体"操作提示框，单击带孔正六棱柱实体，右击选择"确认"。在"中望CAD练习"文件夹就可以看见输出的图片了。

5. 保存文件

保存文件，退出本次练习。

二、创建进气门三维实体模型

1. 零件图

进气门的零件图及立体图如图6-24所示。

分析：进气门属于回转体，可使用"旋转"命令创建，原点为气门杆端部圆心。

2. 新建"中望CAD练习19"文件

打开"中望CAD练习17"文件，另存为"中望CAD练习19"文件。

3. 创建进气门三维实体模型

创建进气门三维实体模型的步骤如下。

1）单击"视图"工具栏上的"俯视"按钮，将视图转到俯视图。

2）单击"绘图"工具栏上的"直线"按钮，启动"直线"命令。在命令行提示下输入"0，0，0"为直线第一点，光标向右移动，输入"116"，按回车键，完成旋转轴线的绘制，如图6-25所示。

中望CAD机械绘图技术

a) 零件图

b) 立体图

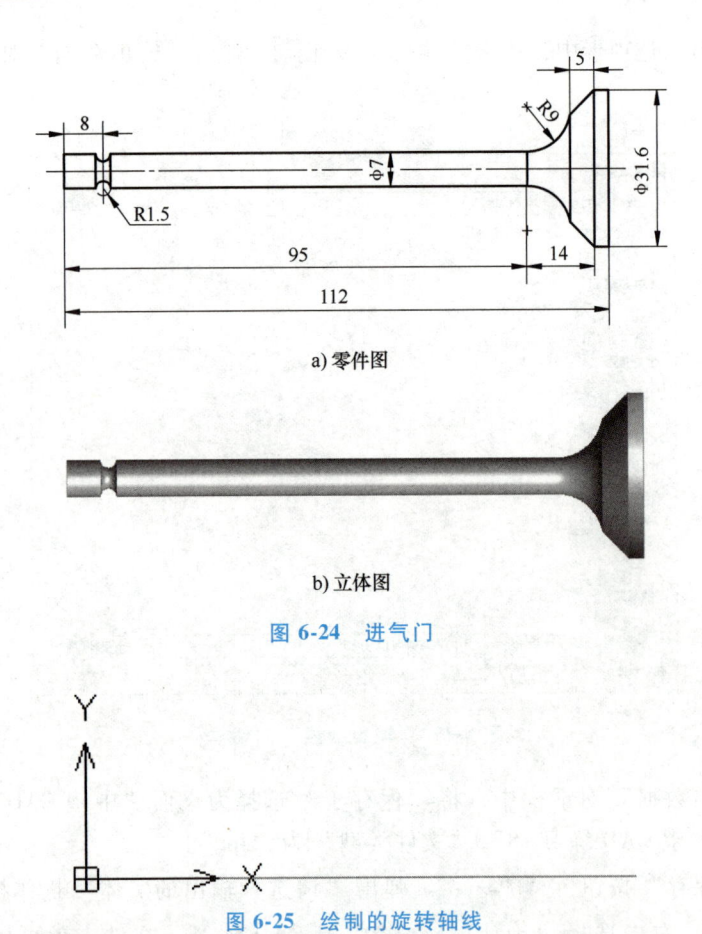

图 6-24　进气门

图 6-25　绘制的旋转轴线

3）打开"中望 CAD 练习 15"文件，复制需要的图形到"中望 CAD 练习 19"文件中，修剪多余的直线，如图 6-26 所示。

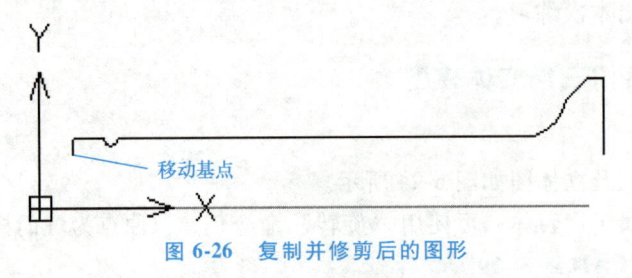

图 6-26　复制并修剪后的图形

4）单击"修改"工具栏上的"移动"按钮 ✥，启动"移动"命令。在命令行提示中进行如下操作：

① "指定基点"，单击复制图形的左下角端点。

② "指定第二点的位移"，输入"0, 0, 0"，按回车键，移动结果如图 6-27 所示。

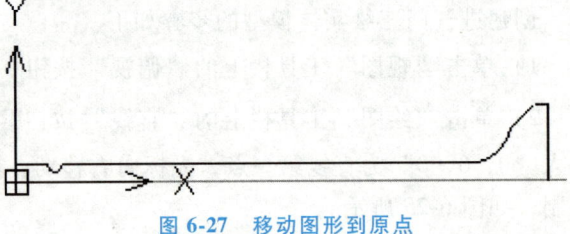

图 6-27　移动图形到原点

5）通过原点再绘制一条长112mm的直线，然后将整个图形转换为面域，并将视图转到西南等轴测，如图6-28所示。

6）单击"实体"工具栏上的"旋转"按钮，启动"旋转"命令。在命令行提示下进行如下操作。

① "选择对象"选择转换的面域，右击选择"确认"。
② "指定旋转轴的起始点"为绘制轴线的两个端点。
③ "指定旋转角度"为"360"。

创建的进气门三维实体模型如图6-29所示。

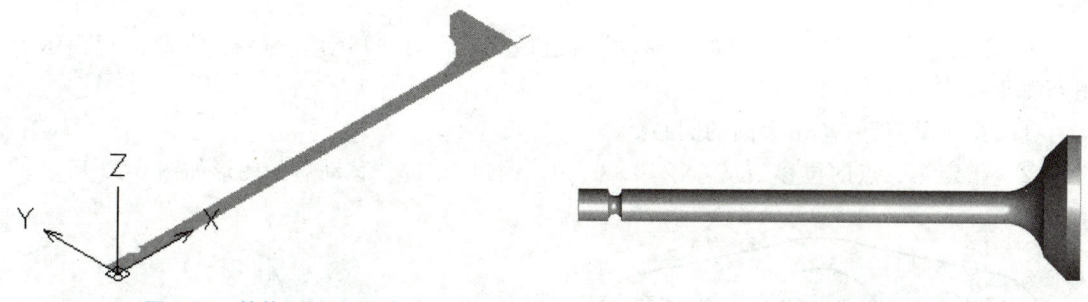

图6-28 转换图形为面域

图6-29 进气门三维实体模型

4. 保存文件

保存文件，退出本次练习。

三、创建密封垫三维实体模型

1. 零件图

密封垫的零件图及立体图如图6-30所示。

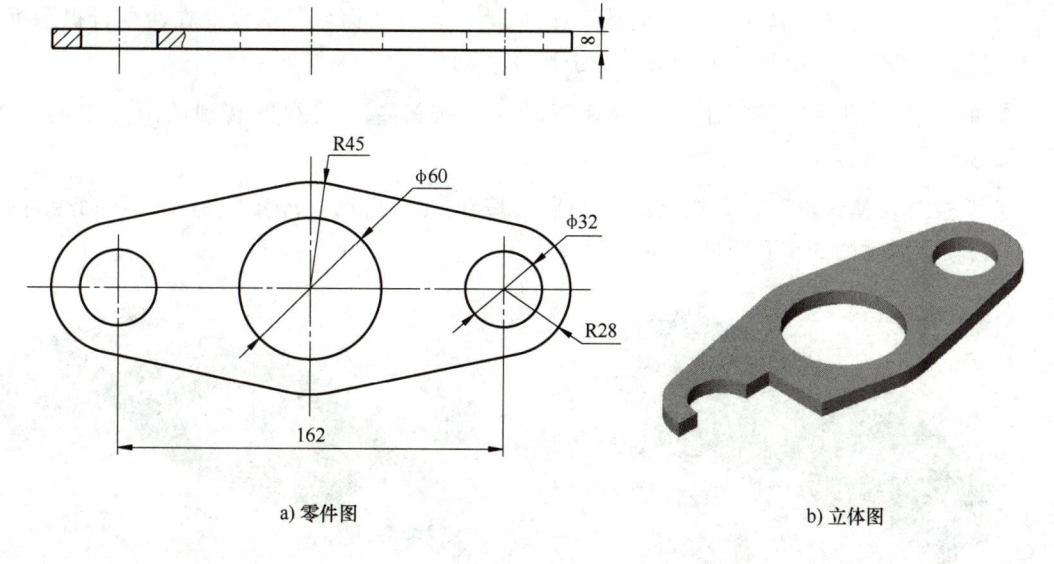

a) 零件图　　　　　　　　　　b) 立体图

图6-30 密封垫

分析：以大圆孔底部圆心为坐标系原点，使用"拉伸"命令进行创建密封垫的三维实体模型。

2. 新建"中望 CAD 练习 20"文件

打开"中望 CAD 练习 17"文件，另存为"中望 CAD 练习 20"文件。

3. 创建密封垫

创建密封垫三维实体模型的步骤如下。

1）单击"视图"工具栏上的"俯视"图标按钮，将视图转到俯视图。

2）打开"中望 CAD 练习 13"文件，复制需要的图形到"中望 CAD 练习 20"文件中，复制的图形如图 6-31 所示。

3）单击"修改"工具栏上的"移动"按钮，启动"移动"命令。在命令行提示下进行如下操作。

①"指定基点"：单击大圆的圆心。

②"指定第二点的位移"：输入"0，0，0"，按回车键，移动后的图形如图 6-32 所示。

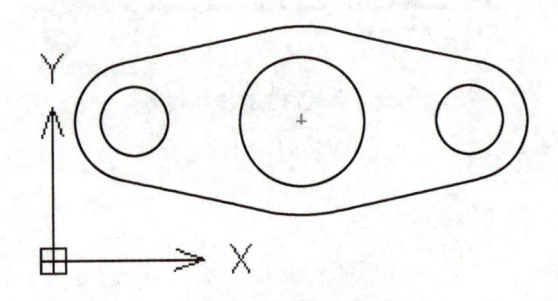

图 6-31　复制的图形

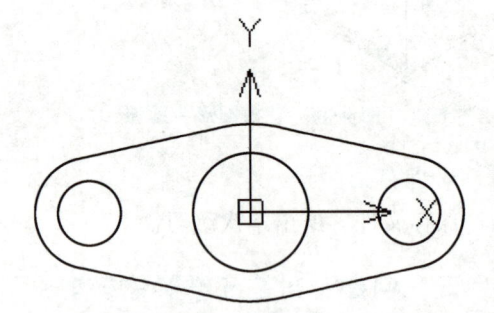

图 6-32　移动后的图形

4）将视图转换为面域，步骤如下：

①单击"绘图"工具栏上的"面域"按钮，启动"面域"命令。在命令行提示下，"选择对象"选择图 6-32 所示的图形，右击选择"确认"。

②单击"视图"工具栏上的"西南等轴测"按钮，将视图转到西南等轴测，如图 6-33 所示。

③单击"实体编辑"工具栏上的"差集"按钮，启动"差集"命令。在命令行提示下，去除不需要的 3 个孔面域，如图 6-34 所示。

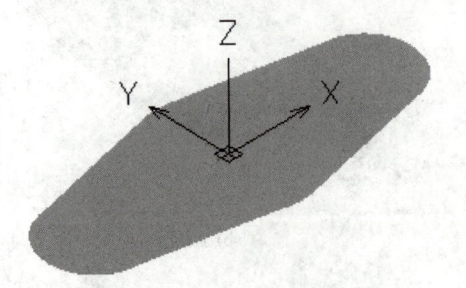

图 6-33　将视图转到西南等轴测

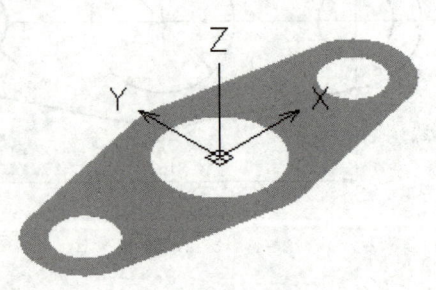

图 6-34　去掉不需要的孔面域

5) 单击"实体"工具栏上的"拉伸"按钮，启动"拉伸"命令。在命令行提示下进行如下操作。

① "选择对象"：单击创建的密封垫面域，右击选择"确认"。

② 拉伸方向选择 Z 轴正方向。

③ "指定拉伸高度"：输入数值"8"，按回车键。

拉伸后的结果如图 6-35 所示。

6) 切割图 6-35 所示的三维实体模型的左前角，步骤如下。

① 单击"视图"工具栏上的"俯视"按钮，将视图转到俯视图，并采用"二维线框"方式显示，如图 6-36 所示。

图 6-35 拉伸后的结果

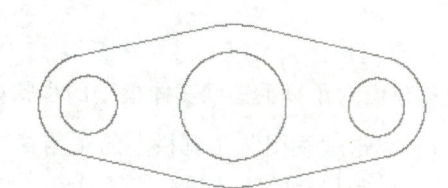

图 6-36 将视图转到俯视图，并采用"二维线框"方式显示

② 绘制图 6-37 所示的四边形。

③ 四边形转换为面域并拉伸，使用"差集"命令去除拉伸的这个实体，结果如图 6-38 所示。

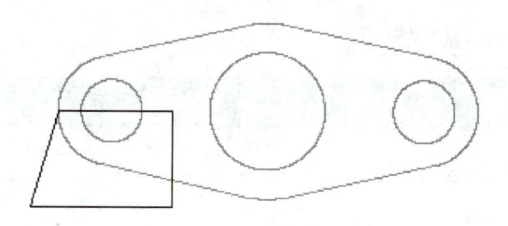

图 6-37 绘制四边形

图 6-38 切割左前角后的密封垫

4. 保存文件

保存文件，退出本次练习。

四、内六角扳手三维实体模型

1. 零件图

内六角扳手的零件图及立体图如图 6-39 所示。

分析：内六角扳手每处截面一样大，可使用"扫掠"命令进行创建三维实体模型。

2. 新建"中望 CAD 练习 21"文件

打开"中望 CAD 练习 17"文件，另存为"中望 CAD 练习 21"文件。

a) 零件图   b) 立体图

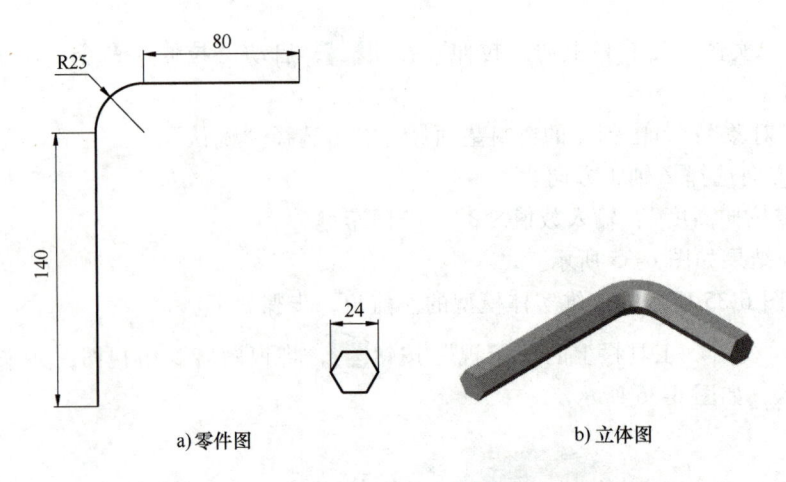

图 6-39 内六角扳手

3. 创建内六角扳手三维实体模型

创建内六角扳手三维实体模型的步骤如下。

1）单击"视图"工具栏上的"俯视"按钮，将视图转到俯视图。

2）绘制扫掠的路径和扫掠的对象，如图 6-40 所示。

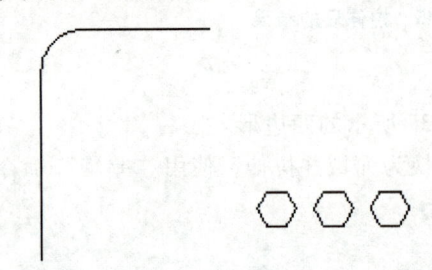

图 6-40 绘制扫掠的路径和扫掠的对象

【温馨提示】

内六角扳手扫掠的路径有 3 段，需绘制 3 个正六边形。

3）单击"实体"工具栏上的"扫掠"按钮，启动"扫掠"命令。在命令行提示下进行如下操作。

①"选择要扫掠的对象"：单击其中一个正六边形，右击选择"确认"。

②"选择扫掠路径"：单击左侧图形的竖直线，扫掠结果如图 6-41 所示。

4）使用相同方法，完成另外两段的扫掠，完成后的结果如图 6-42 所示。

5）单击"实体编辑"工具栏上的"并集"按钮，启动"并集"命令。在命令行提示下，"选择对象求和"选择刚创建的 3 段实体，右击选择"确认"。

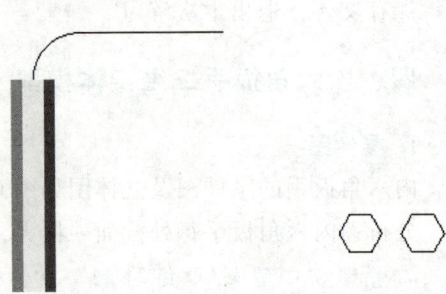

图 6-41 完成一段扫掠

项目6　创建与编辑三维实体模型

6）单击"视图"工具栏上的"东南等轴测"按钮，将视图转到东南等轴测，如图 6-43 所示。

图 6-42　完成所有的扫掠

图 6-43　视图转到东南等轴测的内六角扳手三维实体模型

4. 保存文件

保存文件，退出本次练习。

五、创建香皂盒上盖三维实体模型

1. 零件图

香皂盒上盖的零件图与立体图如图 6-44 所示。

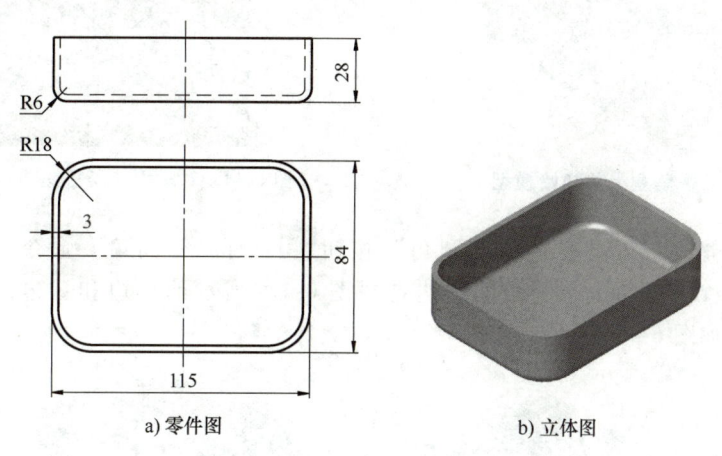

a）零件图　　　　b）立体图

图 6-44　香皂盒上盖

分析：香皂盒上盖主要使用"拉伸"和"抽壳"命令，以香皂盒上盖底部中心为坐标系原点进行创建。

2. 新建"中望 CAD 练习 22"文件

打开"中望 CAD 练习 17"文件，另存为"中望 CAD 练习 22"文件。

3. 创建香皂盒上盖三维实体模型

创建香皂盒上盖三维实体模型的步骤如下。

1）单击"视图"工具栏上的"俯视"按钮，将视图转到俯视图。

2）绘制拉伸截面，如图 6-45 所示。

3）单击"绘图"工具栏上的"面域"按钮，启动"面域"命令。在命令行提示

115

下，把四边形转换为面域，并将视图转到西南等轴测，如图6-46所示。

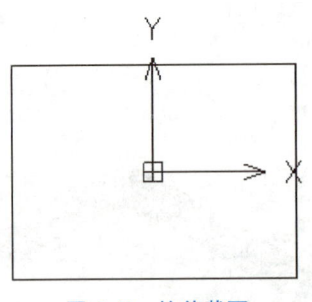

图6-45 拉伸截面

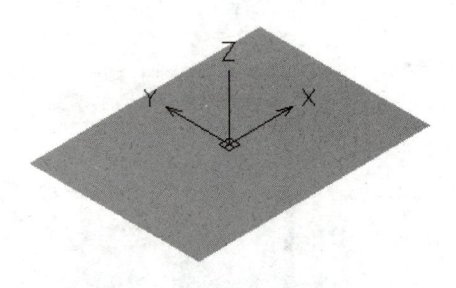

图6-46 四边形转换为面域

4）单击"实体"工具栏上的"拉伸"按钮，启动"拉伸"命令。在命令行提示下，拉伸方向为Z轴负方向，拉伸高度为28mm，拉伸后的初始模型如图6-47所示。

5）单击"修改"工具栏上的"圆角"按钮，启动"圆角"命令。在命令行提示下，对模型4条底边进行圆角的创建，圆角半径为6mm，如图6-48所示。

图6-47 香皂盒上盖初始模型

图6-48 对模型4条底边进行圆角的创建

6）单击"修改"工具栏上的"圆角"按钮，启动"圆角"命令。在命令行提示下，将圆角半径设为18mm，圆角的棱边选择图6-49a所示的1边和2边，右击选择"确认"。创建结果如图6-49b所示。

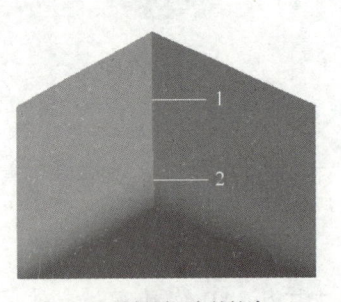

a）选择要圆角的棱边　　　b）创建结果

图6-49 对模型1条棱边进行圆角的创建

7）使用相同方法对其他3条棱边进行圆角的创建，如图6-50所示。

8）将视图转到西南等轴测。

9）单击"实体编辑"工具栏上的"抽壳"按钮，启动"抽壳"命令。在命令行提示下进行如下操作。

① "选择三维实体"：单击上一步创建的实体。

② "删除面"：单击上平面，右击选择"确认"。

③ 在"输入外偏移距离"中输入"3"，按回车键。

④ 在"输入体编辑选项"中选择"退出"。

完成抽壳的结果如图 6-51 所示。

图 6-50　对模型 4 条棱边进行圆角

图 6-51　实体抽壳

4. 保存文件

保存文件，退出本次练习。

六、创建灯罩三维实体模型

1. 零件图

灯罩的零件图及立体图如图 6-52 所示。

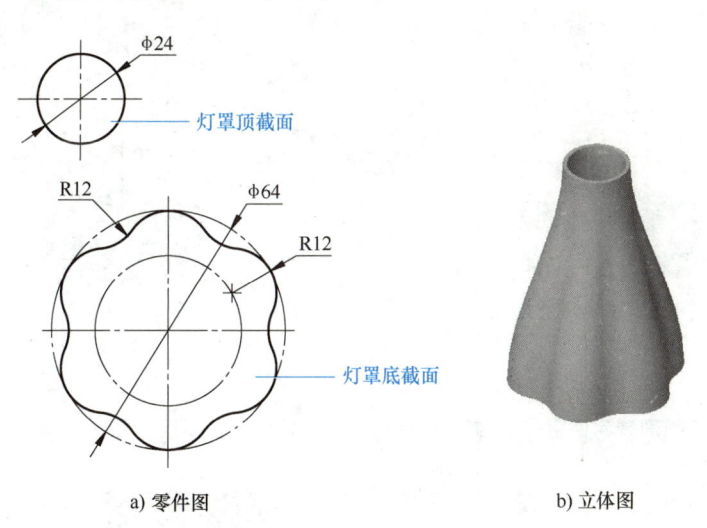

a) 零件图　　　　b) 立体图

图 6-52　灯罩

分析：灯罩的顶截面和底截面形状不一样，可使用"放样"命令，以灯罩底截面的中心为坐标系原点进行创建三维实体模型。

2. 新建"中望 CAD 练习 23"文件

打开"中望 CAD 练习 17"文件，另存为"中望 CAD 练习 23"文件。

3. 创建灯罩三维实体模型

创建灯罩三维实体模型的步骤如下。

1）单击"视图"工具栏上的"俯视"按钮，将视图转到俯视图。

2）绘制灯罩的上、下截面，如图 6-53 所示。

3）将绘制的上、下截面转换为面域，如图 6-54 所示。

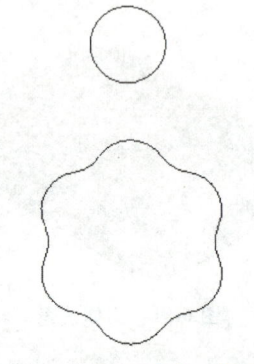

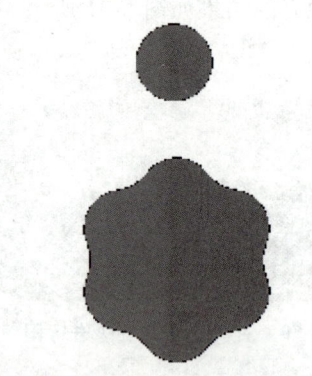

图 6-53　灯罩的上下截面　　　　　　图 6-54　上、下截面转换为面域

4）单击"视图"工具栏上的"西南等轴测"按钮，将视图转到西南等轴测，如图 6-55 所示。

5）沿 Z 轴正方向绘制一条长为 100mm 的直线，将两个面域（面域中心）移动到直线的两个端点，如图 6-56 所示。

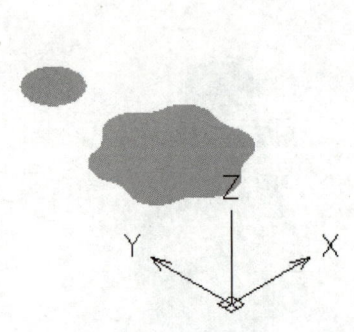

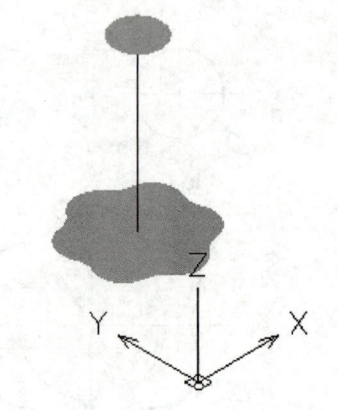

图 6-55　把视图转到西南等轴测　　　　图 6-56　将两个面域移动到直线的两个端点

6）单击"实体"工具栏上的"放样"按钮，启动"放样"命令。在命令行提示下进行如下操作。

①"按放样次序选择横截面"：依次单击上、下两个面域，右击选择"确认"。

②在"输入选项"中选择"路径"，如图 6-57 所示。

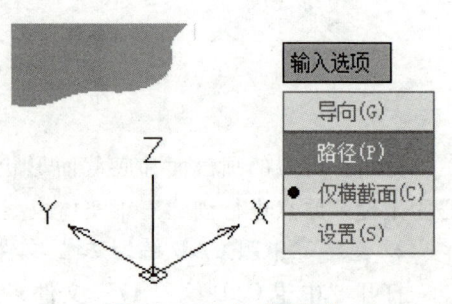

图 6-57　选择"路径"

③"选择路径曲线":单击绘制的直线。放样结果如图6-58所示。

7)单击"实体编辑"工具栏上的"抽壳"按钮 ▣,启动"抽壳"命令。在命令行提示下进行如下操作。

①"选择三维实体":单击创建的灯罩初始模型。

②"删除面":单击灯罩的顶面和底面,右击选择"确认"。

③在"输入外偏移距离"中输入"1.5",按回车键。

④在"输入体编辑选项"中选择"退出"。

完成扫壳后的灯罩三维实体模型如图6-59所示。

图 6-58　创建灯罩初始模型　　　图 6-59　完成扫壳后的灯罩三维实体模型

4. 保存文件

保存文件,退出本次练习。

任务3　创建复杂的三维实体模型

一、创建铁榔头三维实体模型

1. 零件图

铁榔头的零件图及立体图如图6-60所示。

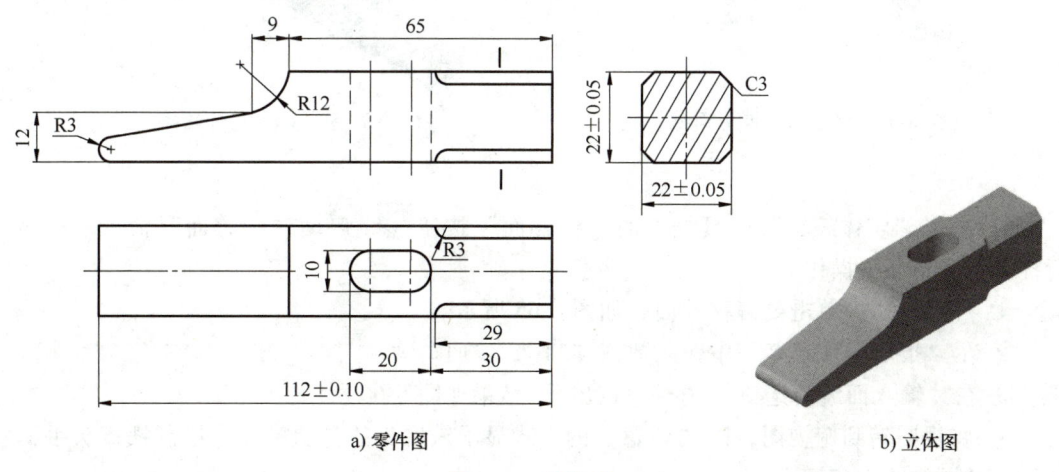

a) 零件图　　　b) 立体图

图 6-60　铁榔头

分析：主要使用"拉伸""差集"和"偏移面"等命令，以铁榔头右侧底部中心为坐标系原点进行创建铁榔头三维实体模型。

2. 新建"中望 CAD 练习 24"文件

打开"中望 CAD 练习 17"文件，另存为"中望 CAD 练习 24"文件。

3. 创建铁榔头三维实体模型

创建铁榔头三维实体模型的步骤如下。

1）单击"视图"工具栏上的"前视"按钮，将视图转到主视图。

2）打开配套资源——"中望 CAD 作业"文件夹中的"图 5-24"文件，复制主视图到"中望 CAD 练习 24"，如图 6-61 所示。

3）将图形移动到坐标系原点处，如图 6-62 所示。

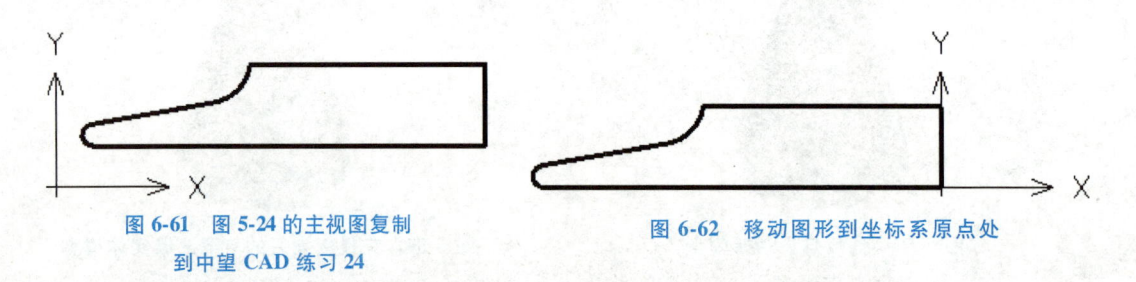

图 6-61　图 5-24 的主视图复制到中望 CAD 练习 24

图 6-62　移动图形到坐标系原点处

4）将图形转换为面域，并将视图转到西南等轴测，如图 6-63 所示。

5）单击"实体"工具栏上的"拉伸"按钮，启动"拉伸"命令。在命令行提示下，在"指定拉伸高度"中，输入数值"-11"，按回车键，拉伸结果如图 6-64 所示。

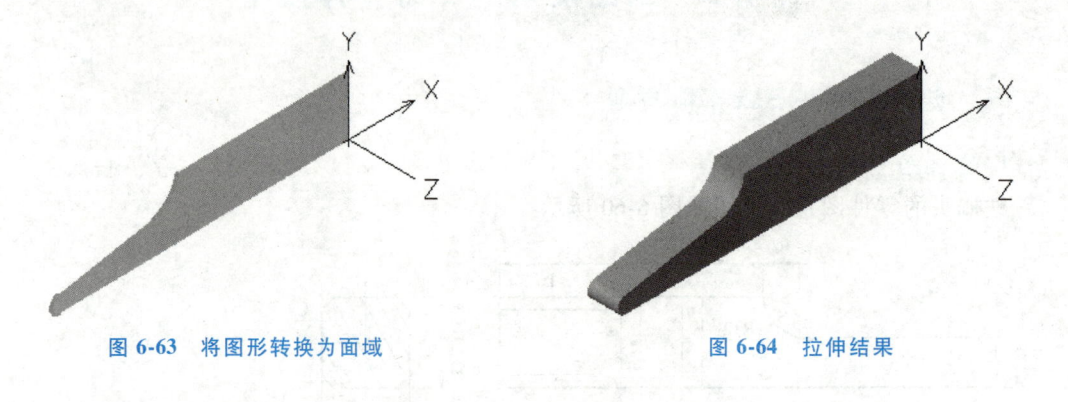

图 6-63　将图形转换为面域

图 6-64　拉伸结果

6）单击"实体编辑"工具栏上的"偏移面"按钮，启动"偏移面"命令。在命令行提示下进行如下操作。

①"选择面"：单击要偏移的面，如图 6-65 所示。

② 在"指定偏移距离"中输入数值"11"，按回车键。

③ 在"输入面编辑选项"选择"退出"。结果如图 6-66 所示。

7）将视图转到俯视图，以"消隐"的方式显示铁榔头的初始模型，绘制铁榔头手柄安装孔，结果如图 6-67 所示。

项目6　创建与编辑三维实体模型

图 6-65　单击要偏移的面　　　　　　图 6-66　铁榔头初始模型

图 6-67　绘制铁榔头手柄安装孔

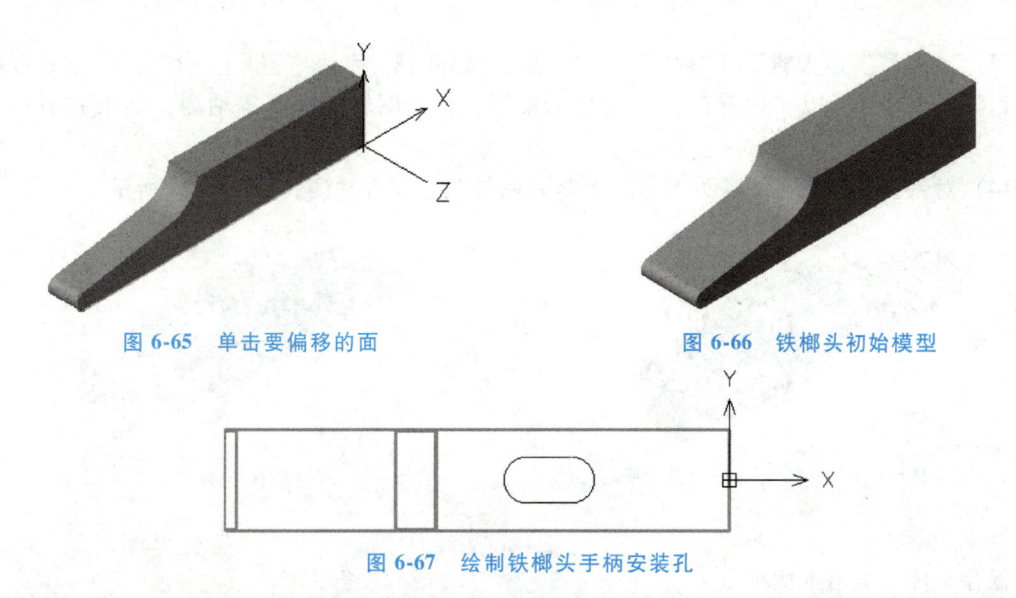

8）以"二维线框"的方式显示模型，把铁榔头手柄安装孔转换为面域，并将视图转到西南等轴测，如图 6-68 所示。

9）拉伸安装孔转换的面域，并用"差集"命令切除，以"体着色"方式显示模型，结果如图 6-69 所示。

10）将视图转到右视图，以"二维线框"的方式显示模型，绘制倒角草图，如图 6-70 所示。

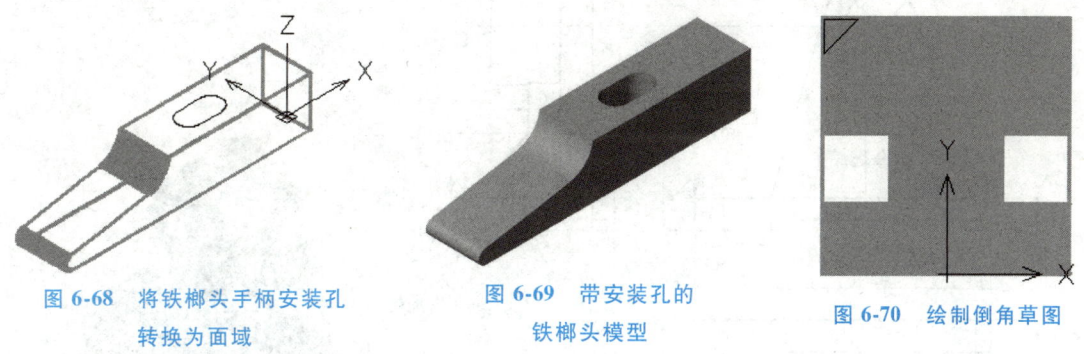

图 6-68　将铁榔头手柄安装孔　　　图 6-69　带安装孔的　　　　图 6-70　绘制倒角草图
　　　　　 转换为面域　　　　　　　　　 铁榔头模型

11）将绘制的倒角草图转换为面域，并将视图转到东南等轴测，如图 6-71 所示。

12）拉伸转换的面域，并用"环形阵列"命令阵列其余 3 个三棱柱，结果如图 6-72 所示。

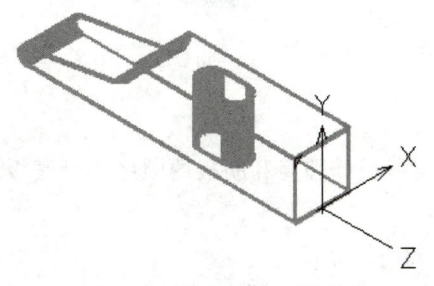

图 6-71　将绘制的倒角草图转换为面域 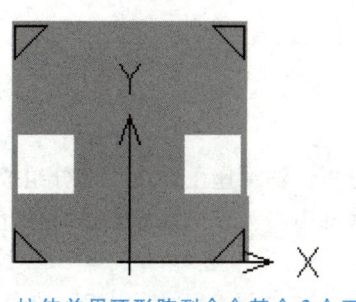　　　图 6-72　拉伸并用环形阵列命令其余 3 个三棱柱

13）单击"实体编辑"工具栏上的"差集"按钮，启动"差集"命令。在命令行提示下切除4个棱柱，以"体着色"方式显示模型，将视图转到东南等轴测，结果如图6-73所示。

14）对铁榔头模型创建4处圆角，并将视图转到东南等轴测，如图6-74所示。

图 6-73 切除棱柱，并将视图转到东南等轴测

图 6-74 对铁榔头模型创建4处圆角

4. 保存文件

保存文件，退出本次练习。

二、创建轴承座三维实体模型

1. 零件图

轴承座的零件图及立体图如图6-75所示。

a) 零件图

b) 立体图

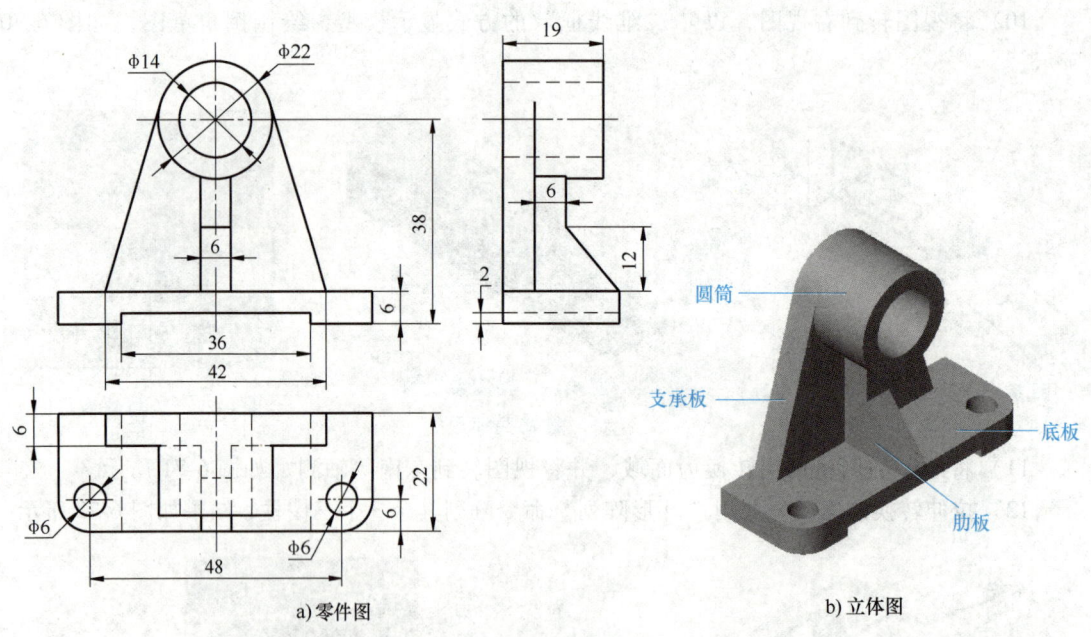

图 6-75 轴承座

分析：轴承座主要由4部分组成，按照底板、支承板、圆筒和肋板的顺序，以底板后端面的底部中心为坐标系原点进行创建三维实体模型。

2. 新建"中望CAD练习25"文件

打开"中望CAD练习17"文件，另存为"中望CAD练习25"文件。

3. 创建轴承座三维实体模型

创建轴承座三维实体模型的步骤如下。

1）单击"视图"工具栏上的"前视"按钮，将视图转到主视图。

2）绘制轴承座底板拉伸截面，如图 6-76 所示。

3）单击"绘图"工具栏上的"面域"按钮，启动"面域"命令。在命令行提示下，把绘制的轴承座底板截面转换为面域，并将视图转到西南等轴测，结果如图 6-77 所示。

4）单击"实体"工具栏上的"拉伸"按钮，启动"拉伸"命令。在命令行提示下，拉伸方向为 Z 轴正方向，拉伸高度为 22mm，形成轴承座底板初始模型，如图 6-78 所示。

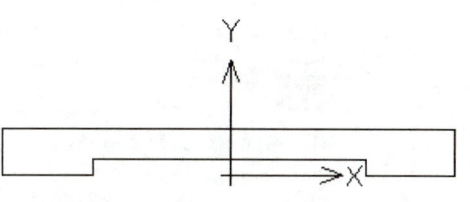

图 6-76　绘制的轴承座底板拉伸截面

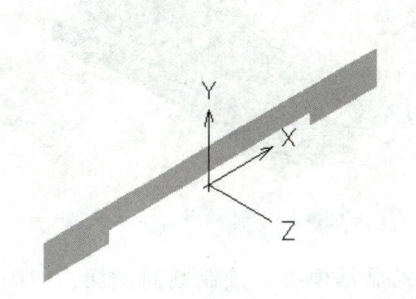

图 6-77　轴承座底板截面转换为面域

图 6-78　轴承座底板初始模型

5）单击"修改"工具栏上的"圆角"按钮，启动"圆角"命令。在命令行提示下，对模型前两条棱边创建圆角，圆角半径为 6mm，结果如图 6-79 所示。

6）将视图转到俯视图，以"二维线框"的方式显示模型，并绘制两个圆，如图 6-80 所示。

图 6-79　对模型前两条棱边创建圆角

图 6-80　绘制的两个圆

7）将视图转到西南等轴测，如图 6-81 所示。

8）拉伸创建的两个圆，并利用"差集"命令切除，形成两个圆孔，如图 6-82 所示。

9）将视图转到东北等轴测，以"消隐"的方式显示模型，并绘制支承板截面，如图 6-83 所示。

10）把支承板截面转换为面域，并沿 Z 轴负方向拉伸 6mm，利用"并集"命令合并，形成轴承座支承板的模型，如图 6-84 所示。

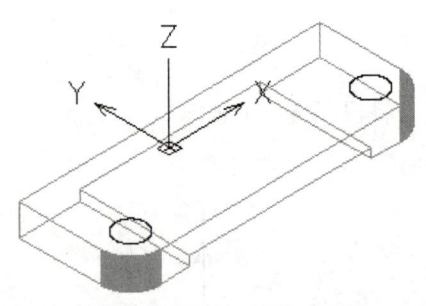

图 6-81　将视图转到西南等轴测

图 6-82　创建圆孔

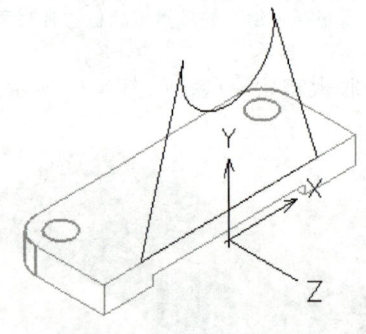

图 6-83　绘制的支承板截面

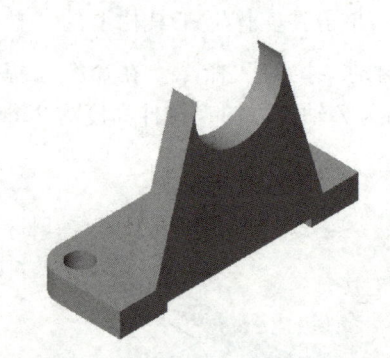

图 6-84　轴承座支承板模型

11）将视图转到东北等轴测，以"消隐"的方式显示模型，绘制圆筒截面，如图 6-85 所示。

12）将圆筒截面转换为面域，如图 6-86 所示。

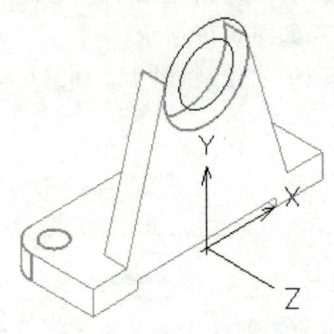

图 6-85　绘制的圆筒截面

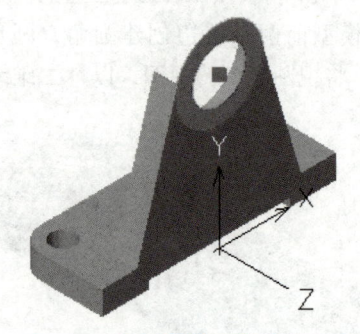

图 6-86　将圆筒截面转换为面域

13）拉伸创建的面域，拉伸方向为 Z 轴负方向，拉伸高度为 19mm，并利用"并集"命令合并，形成圆筒的模型，如图 6-87 所示。

14）将视图转到主视图，以"二维线框"的方式显示模型，绘制肋板与圆筒接触部分的截面图形，如图 6-88 所示。

15）把接触部分的截面图形转换为面域，拉伸方向为 Z 轴正方向，拉伸高度为 6mm，并利用"并集"命令合并，如图 6-89 所示。

16）将视图转到西南等轴测，以"消隐"的方式显示模型，绘制肋板另外一部分截面图形，如图 6-90 所示。

17）把另外一部分截面图形转换为面域并拉伸、合并，以"体着色"方式显示模型，如图 6-91 所示。

图 6-87　圆筒模型

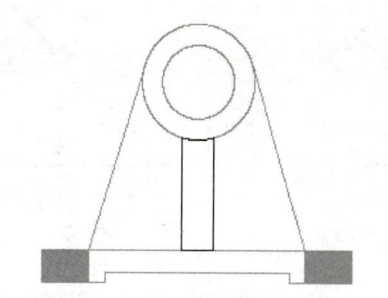

图 6-88　肋板与圆筒接触部分的截面图形

图 6-89　拉伸并合并

图 6-90　肋板另外一部分截面图形

图 6-91　完成肋板的创建

【温馨提示】

1）肋板可用楔体创建。

2）也可先在实体外创建，然后使用"移动"和"并集"命令完成肋板的创建。

4. 保存文件

保存文件，退出本次练习。

操作练习

创建图 6-92~图 6-108 所示的三维实体模型。

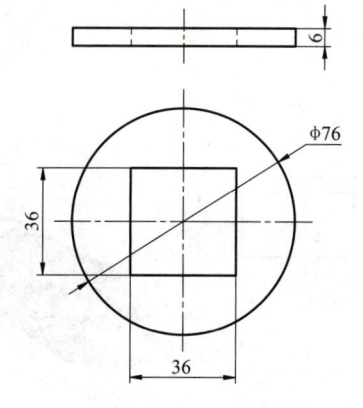

图 6-92　练习 1

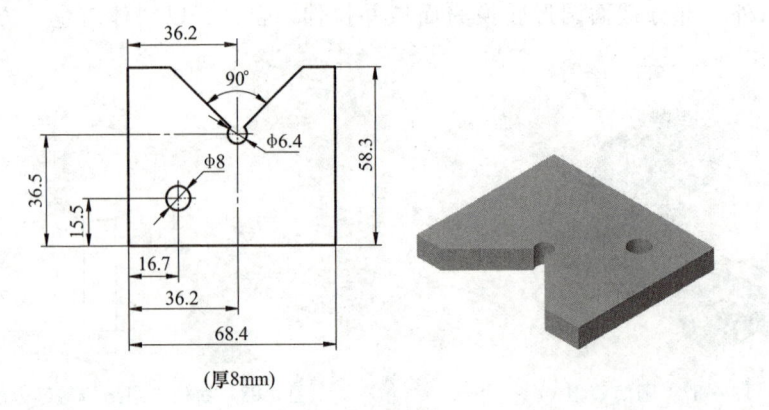

图 6-93　练习 2

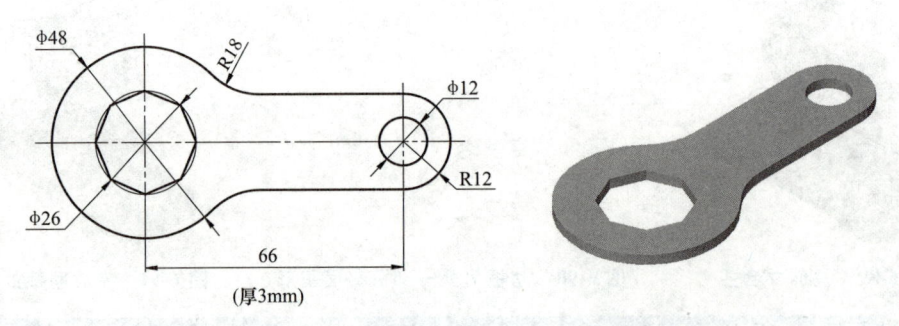

图 6-94　练习 3

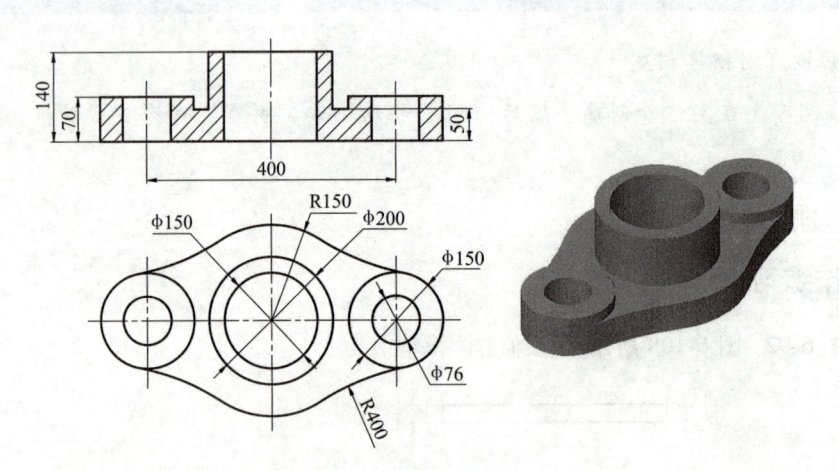

图 6-95　练习 4

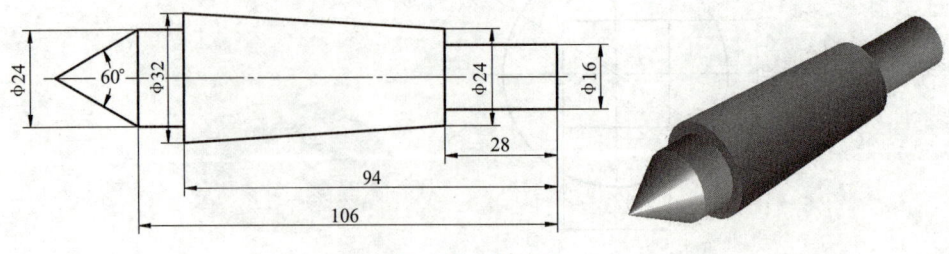

图 6-96　练习 5

项目6　创建与编辑三维实体模型

图 6-97　练习 6

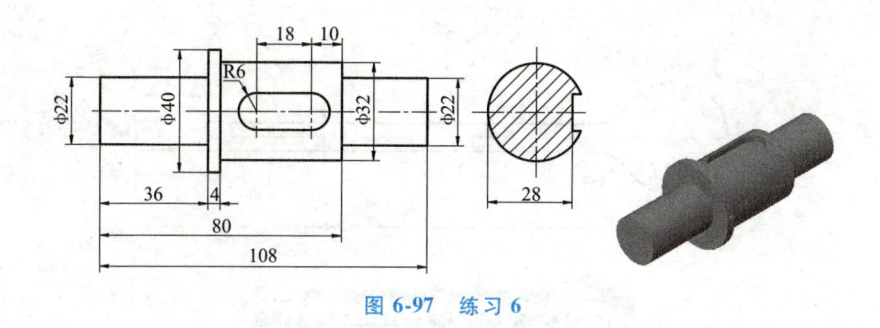

【提示】

可先在实体外创建，然后移动、差集命令即可。

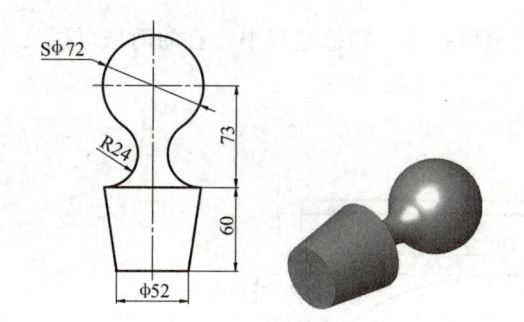

图 6-98　练习 7

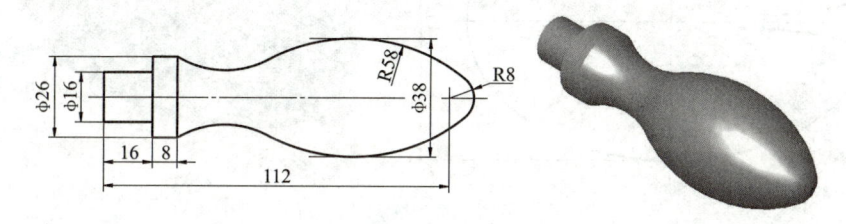

图 6-99　练习 8

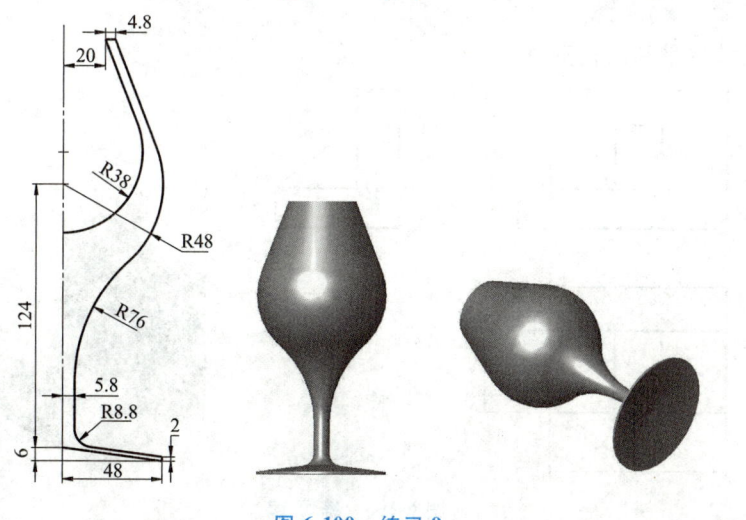

图 6-100　练习 9

127

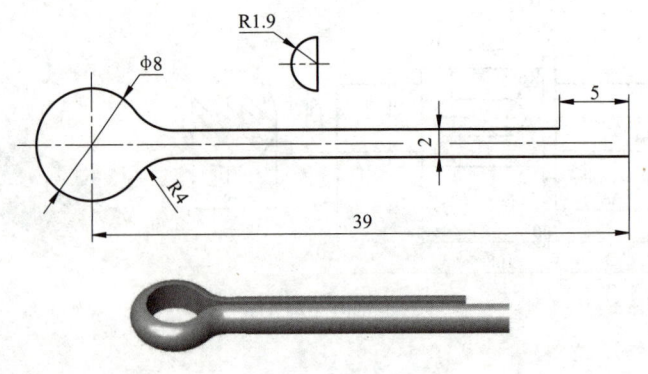

图 6-101　练习 10

【提示】

用 5 个相同的面域，分段扫掠。扫掠过程中，有的面域可能反了，旋转后再扫掠即可。

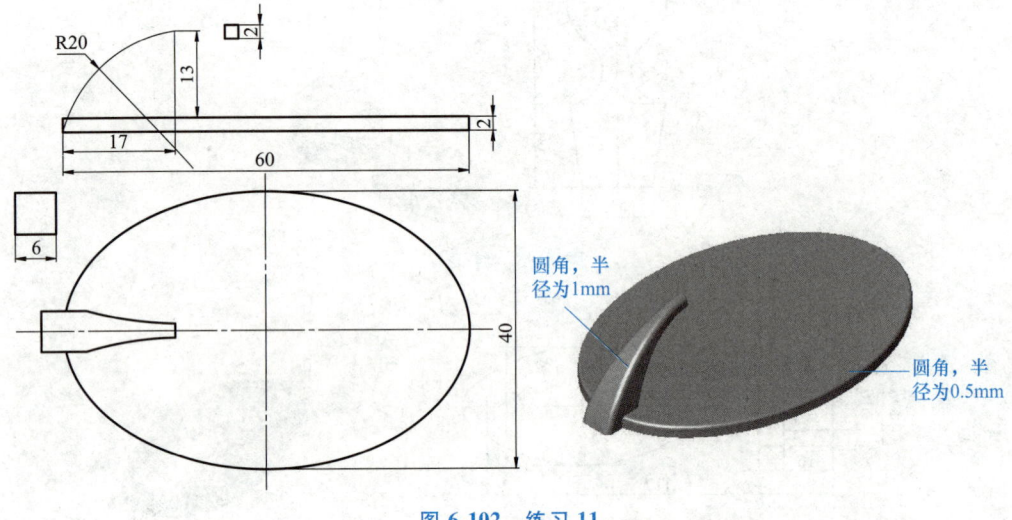

圆角，半径为1mm

圆角，半径为0.5mm

图 6-102　练习 11

【提示】

放样的面域尽量和路径垂直。

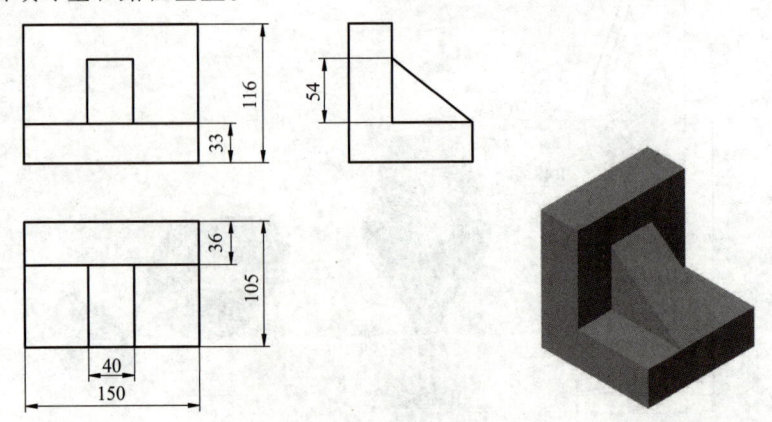

图 6-103　练习 12

项目6　创建与编辑三维实体模型

图 6-104　练习 13

图 6-105　练习 14

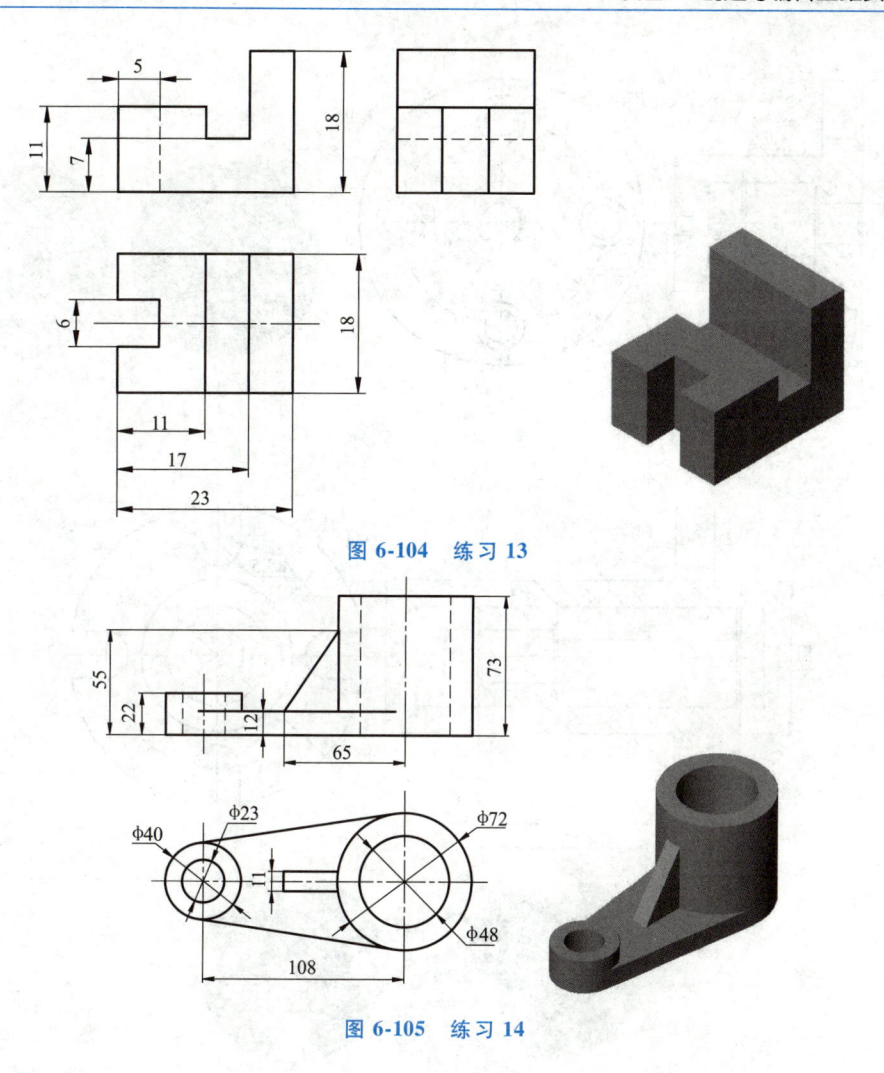

【提示】

可先在实体外创建，再使用"移动"和"并集"命令即可。

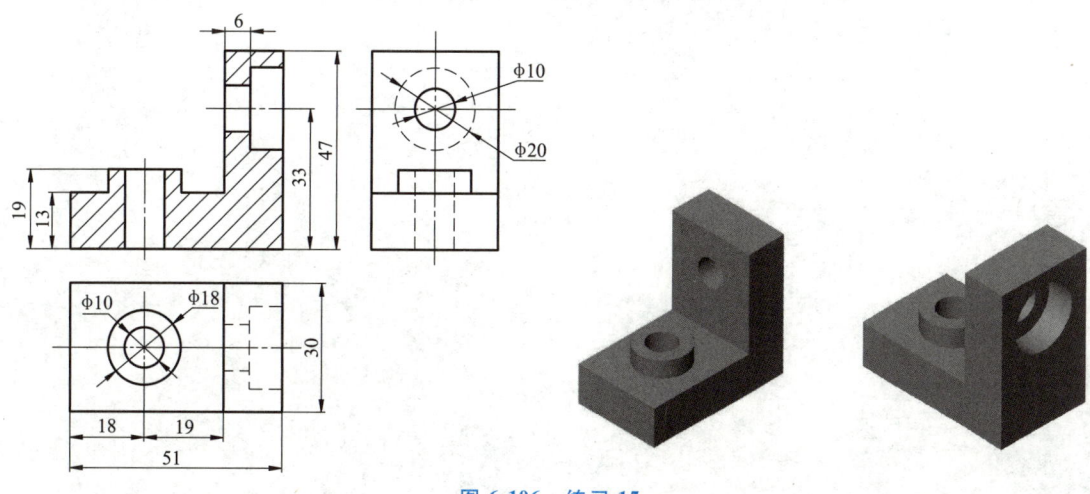

图 6-106　练习 15

图 6-107　练习 16

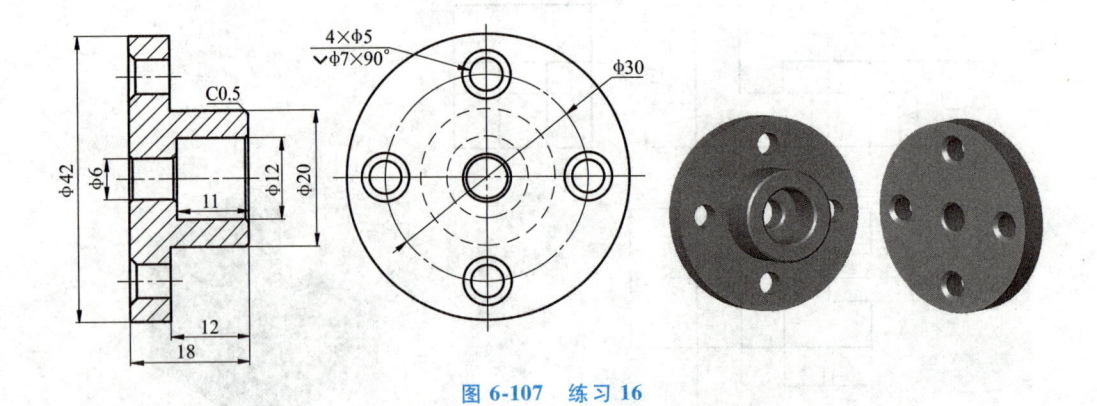

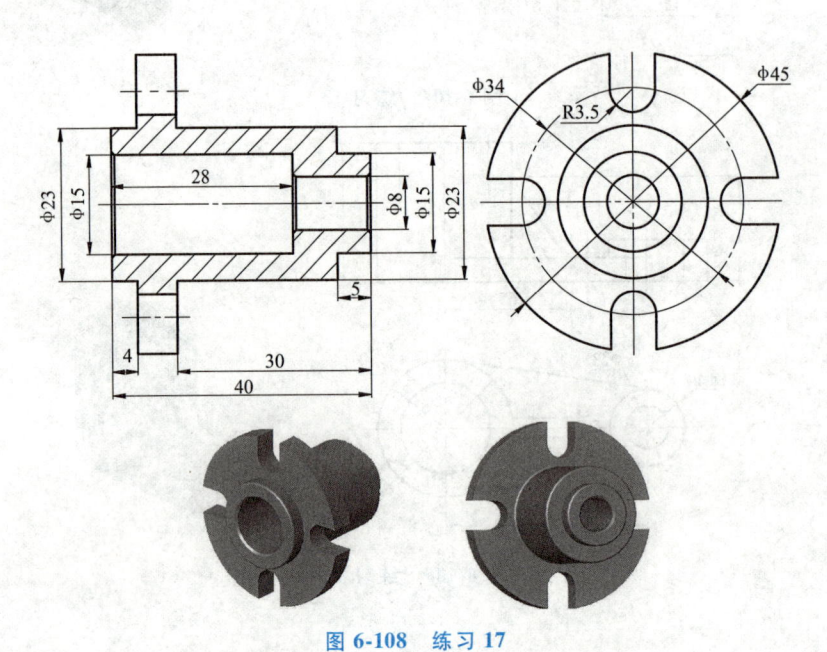

图 6-108　练习 17

项目7

PDF虚拟打印

学习目标

1. 能在模型空间完成 PDF 虚拟打印。
2. 能在图纸空间完成 PDF 虚拟打印。

素养目标

培养保密意识。

案例示范

任务1　在模型空间 PDF 虚拟打印

一、打开需要打印的文件

打开"中望 CAD 练习 15.dwg"文件。

二、在模型空间中进行打印设置

在模型空间中进行打印设置的步骤如下。

1）单击"快速访问"工具栏上的"打印"按钮 ，启动"打印"命令，弹出"打印-模型"对话框，如图 7-1 所示，并按照图 7-2 完成步骤 2）~8）。

2）在"打印机/绘图仪"栏的"名称"下拉列表框中选择打印机，如果计算机上已经安装了打印机，可以选择已安装的打印机；否则可选择由系统提供的一个虚拟的电子打印机"DWG to PDF.pc5"。

3）在"打印机/绘图仪"选项区域的"纸张"下拉列表中选择图纸，本任务选择"ISO A4（210.00×297.00 毫米）"。一般要选择与图纸大小一致的纸张，并且要注意纸张的横向和纵向。例如，刚选择的纸张大小是 210.00mm×297.00mm，前数字比后数字小，说明此张图纸为纵向，反之为横向。

4）在"打印区域"栏的"打印范围"下拉列表框中选择"窗口"，系统将切换到绘图

中望CAD机械绘图技术

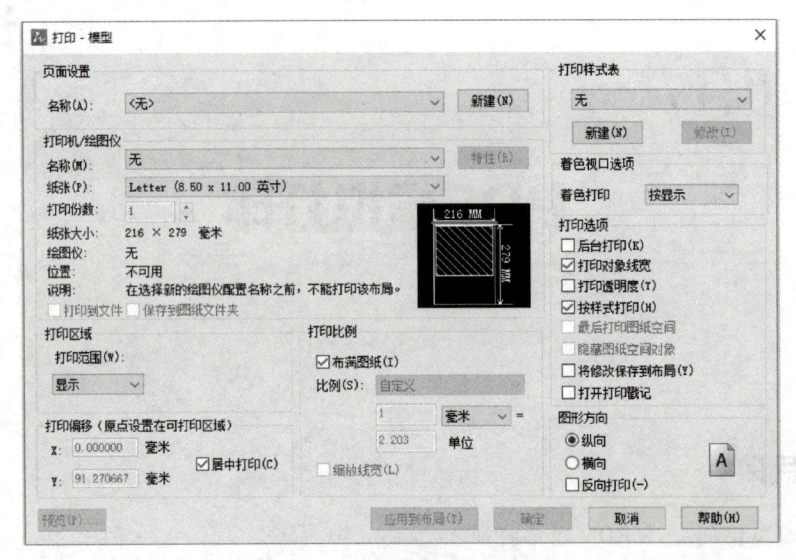

图 7-1 "打印-模型"对话框

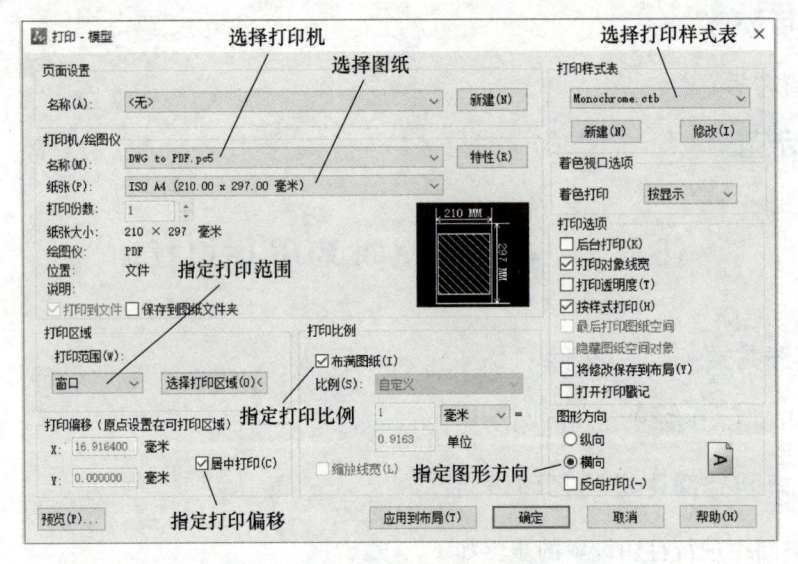

图 7-2 设置打印机、图纸、打印比例和图纸方向等

窗口，选择图形的左上角点和右下角点以确定要打印的图纸范围。

5) 在"打印样式表"栏中选择"Monochrome.ctb"打印样式表。

6) 在"打印偏移"栏中勾选"居中打印"。

7) 在"打印比例"栏中勾选"布满图纸"。

8) 在"图形方向"栏中选择"横向"。

三、在模型空间打印出图

单击图 7-2 所示的"打印-模型"对话框左下角的"预览"按钮 预览(P)...，显示即将要打印的图样，如图 7-3 所示。若符合要求，则可单击"打印"按钮 开始打印；若不符合

项目7 PDF虚拟打印

要求，则可单击 ✖ 按钮，返回到"打印-模型"对话框，再重新调整设置。

图7-3 预览结果

当出现预览时图形不能完全显示的情况，可按如下步骤更改所选图纸的有效打印区域，以增大打印的有效区域。

1）单击"打印机/绘图仪"栏右侧的"特性"按钮 特性(R)，弹出"绘图仪配置编辑器-DWG to PDF.pc5"对话框，如图7-4所示。

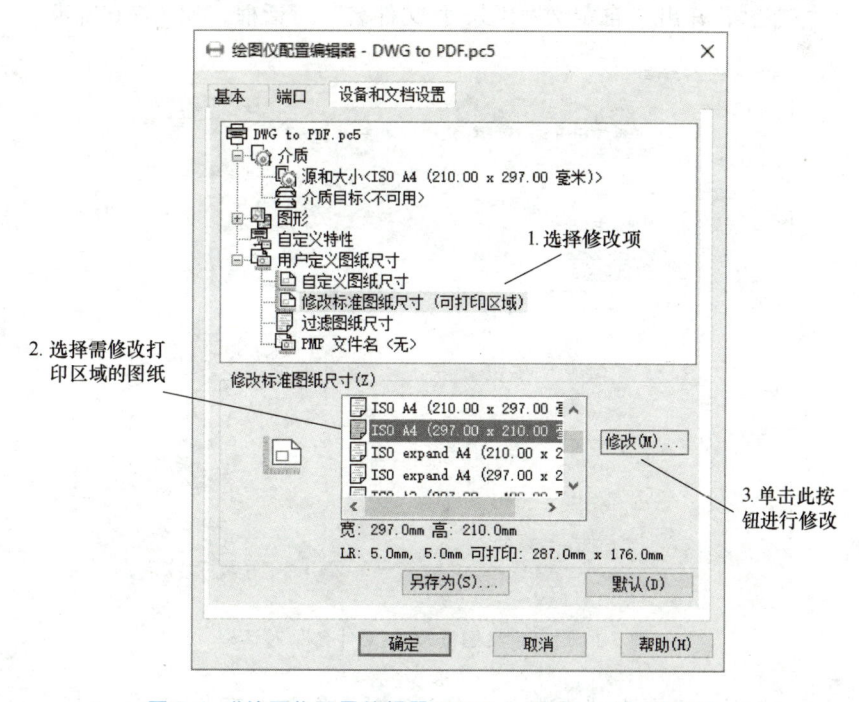

图7-4 "绘图仪配置编辑器-DWG to PDF.pc5"对话框

133

2)在"设备和文档设置"选项卡中,选择"用户定义图纸尺寸"下的"修改标准图纸尺寸(可打印区域)";在"修改标准图纸尺寸"下拉列表框中找到要修改的图纸,本任务为"ISO A4(297.00×210.00 毫米)",单击"修改"按钮 修改(M)... ,弹出"自定义图纸尺寸-可打印区域"对话框,如图 7-5 所示。

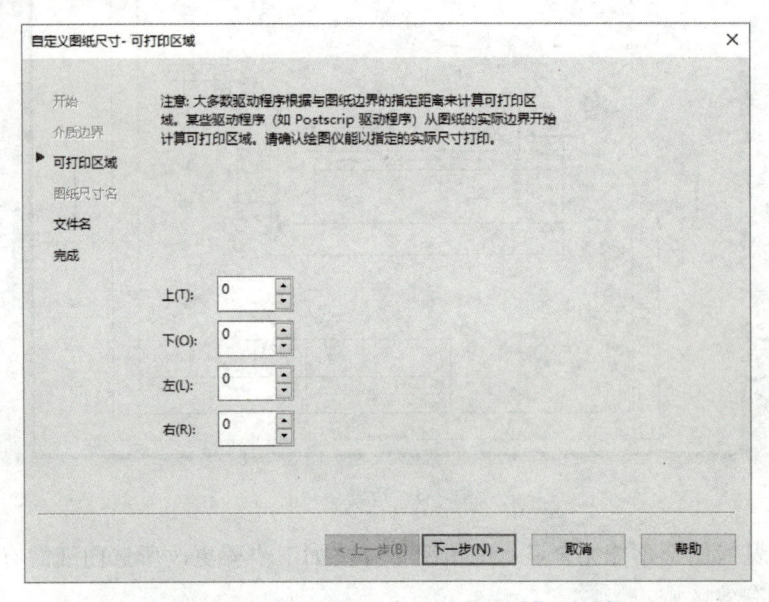

图 7-5 "自定义图纸尺寸-可打印区域"对话框

3)将图纸"可打印区域"中的"上""下""左""右"均设为"0",然后单击"下一步"按钮 下一步(N)> ,弹出"自定义图纸尺寸-文件名"对话框,如图 7-6 所示。

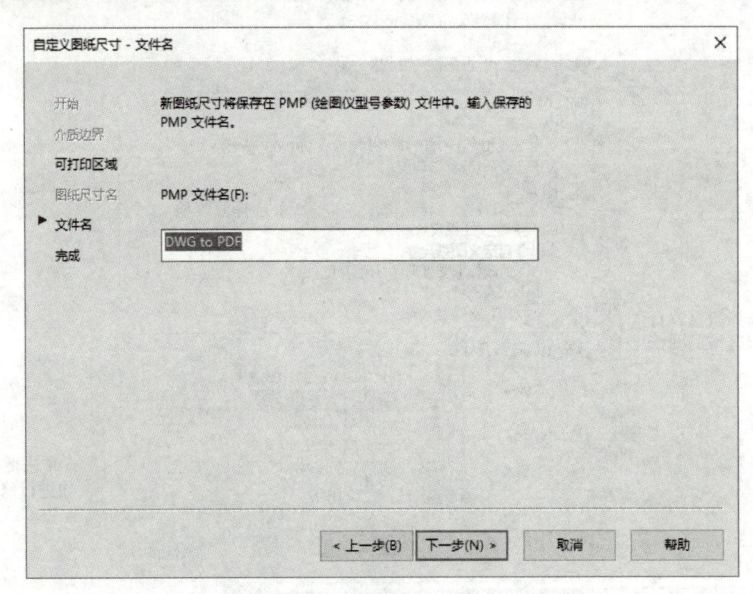

图 7-6 "自定义图纸尺寸-文件名"对话框

4)采用系统默认的文件名或自定义一个文件名,单击"下一步"按钮 下一步(N)> ,弹出

"自定义图纸尺寸-完成"对话框,如图7-7所示。

5)单击"完成"按钮 完成 ,如图7-7所示,返回到图7-4所示的"绘图仪配置编辑器-DWG to PDF.pc5"对话框。

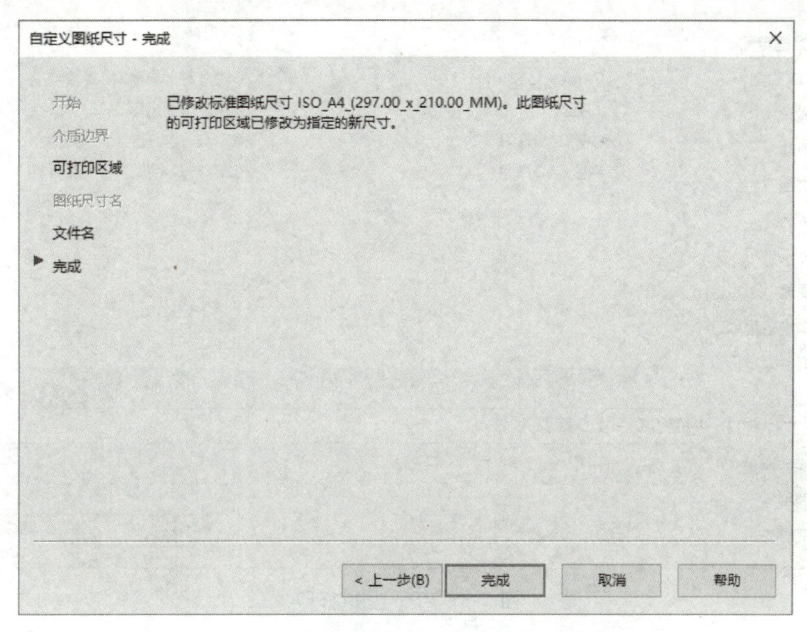

图7-7 "自定义图纸尺寸-完成"对话框

6)单击图7-4所示对话框中的"确定"图标按钮 确定 ,弹出"修改打印机设置配置文件"对话框,如图7-8所示。

图7-8 "修改打印机设置配置文件"对话框

7)采用系统默认的文件名和保存路径,单击"确定"按钮 确定 ,返回到图7-2所示的"打印-模型"对话框,至此完成图纸有效打印区域的设置。

8)单击"打印-模型"对话框中的"确定"按钮 确定 ,在弹出的"浏览打印文件"窗口内选择"桌面",选择"中望CAD练习"文件夹,"文件名"为"中望CAD练习15模型",单击"保存"按钮 保存(S) ,完成PDF虚拟打印,如图7-9所示。

9)双击刚刚保存的PDF文件,可以看到打印效果与预览效果是一致的,如图7-10所示。

图 7-9 PDF 虚拟打印

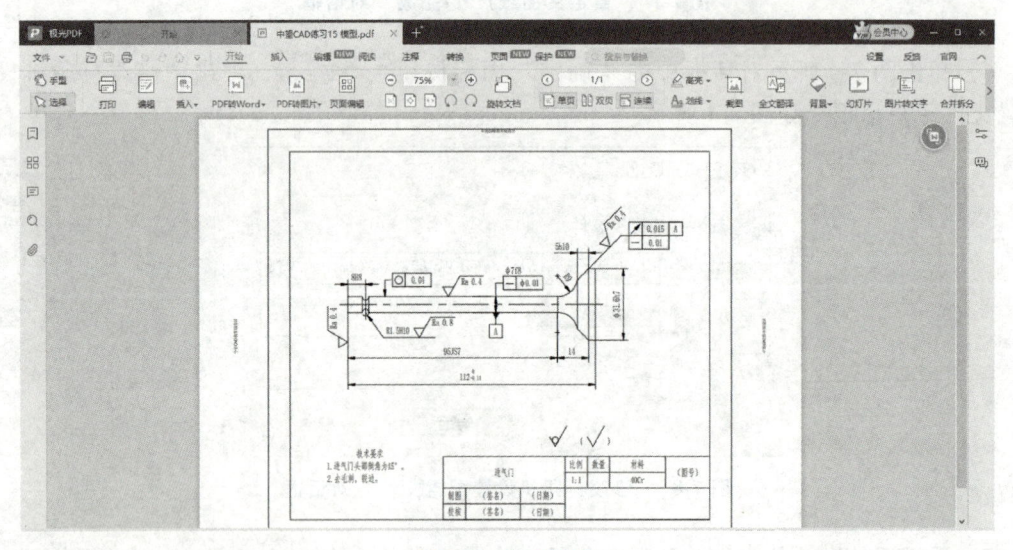

图 7-10 打印结果

任务 2　在图纸空间 PDF 虚拟打印

一、打开需要打印的文件

打开"中望 CAD 练习 15.dwg"文件。

二、转换到图纸空间

在实际工作中，常需要在模型空间与图纸空间之间进行切换，切换方法很简单，单击绘图区左下方的"模型"或"布局1"按钮即可，如图7-11所示。此例转换到布局1。

图 7-11 模型空间与图纸空间的切换

三、在图纸空间中进行打印设置

在图纸空间中进行打印设置的步骤如下。

1）单击"快速访问"工具栏上的"打印"按钮，启动"打印"命令，弹出"打印-布局1"对话框，如图7-12所示。

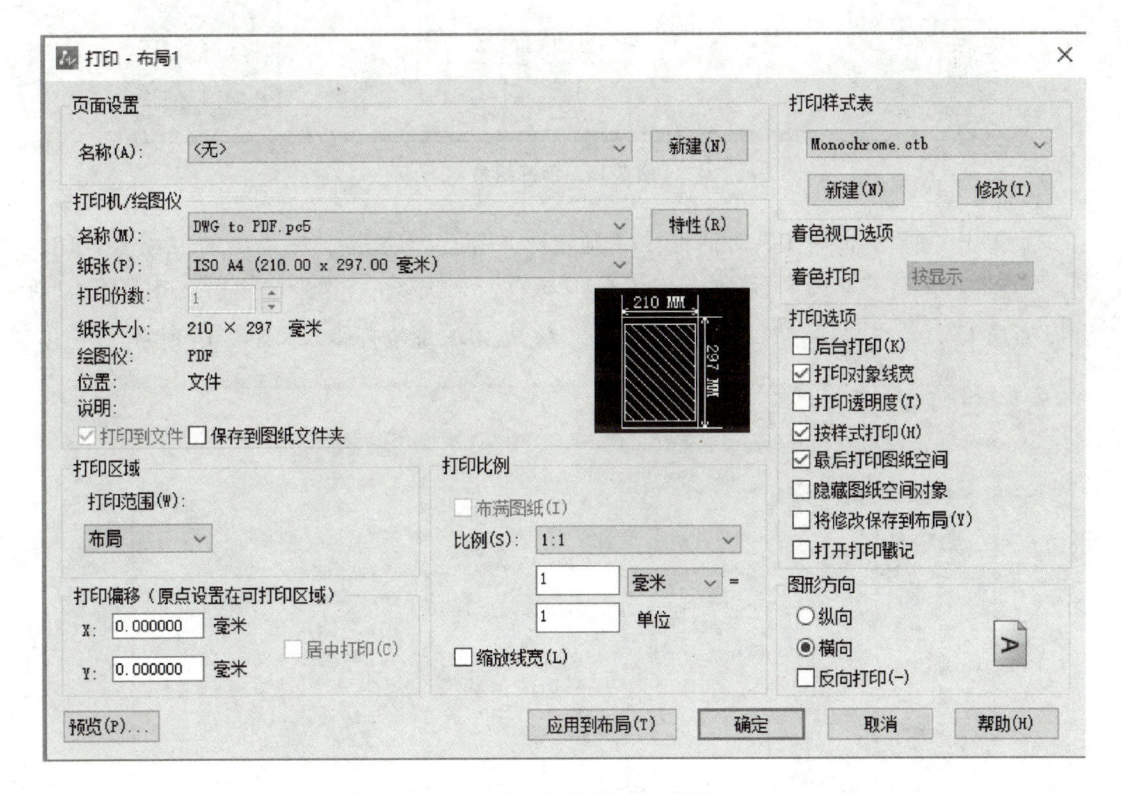

图 7-12 "打印-布局1"对话框

2）在"打印机/绘图仪"栏的"名称"下拉列表框中，选择由系统提供的一个虚拟的电子打印机"DWG to PDF.pc5"，"纸张"选择"ISO A4（210.00×297.00 毫米）"。

3）在"打印样式表"栏中选择"Monochrome.ctb"打印样式表。

4）在"打印区域"栏的"打印范围"下拉列表中选择"布局"。

5）在"图形方向"栏中选择"横向"。

四、在图纸空间打印出图

在图纸空间打印出图的步骤如下。

1）单击"打印-布局 1"对话框左下角的"预览"按钮 预览(P)... ，显示即将要打印的图样，如图 7-13 所示。可按〈Esc〉键，返回到"打印-布局 1"对话框。

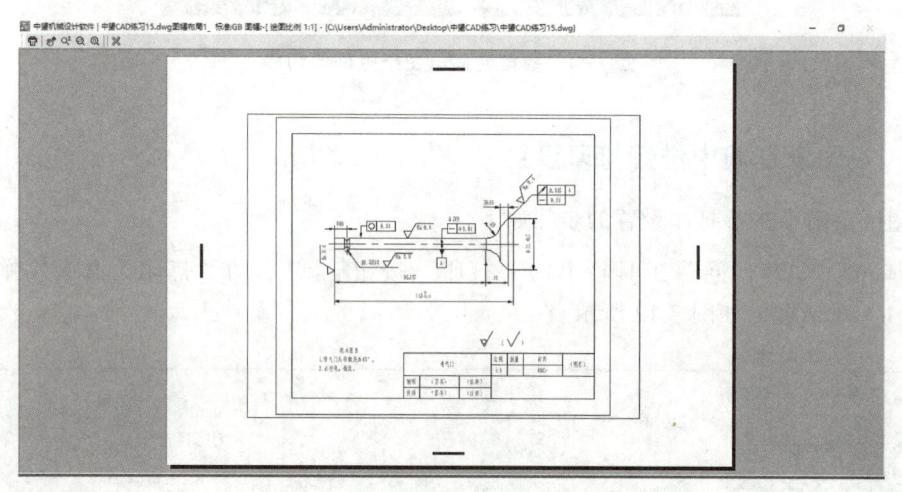

图 7-13 预览结果

2）单击"打印-布局 1"对话框中"确定"按钮 确定 ，在弹出的"浏览打印文件"对话框内选择"桌面"，选择"中望CAD练习"文件夹，"文件名"为"中望CAD练习15 布局1"，单击"保存"按钮 保存(S) ，完成 PDF 虚拟打印，如图 7-14 所示。

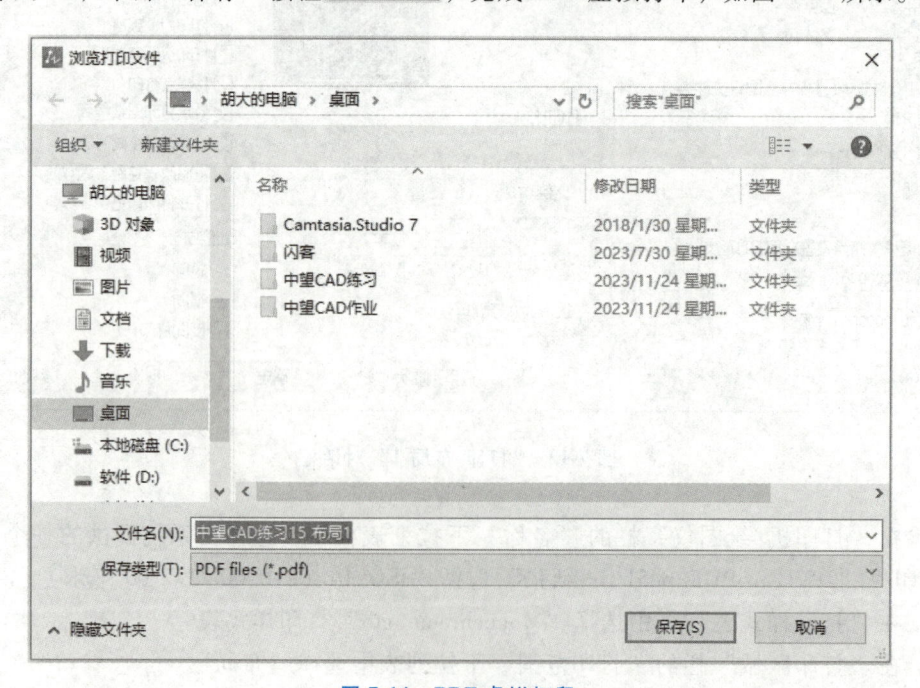

图 7-14 PDF 虚拟打印

3）双击刚刚保存的 PDF 文件，可以看到打印效果与预览效果是一致的，如图 7-15 所示。

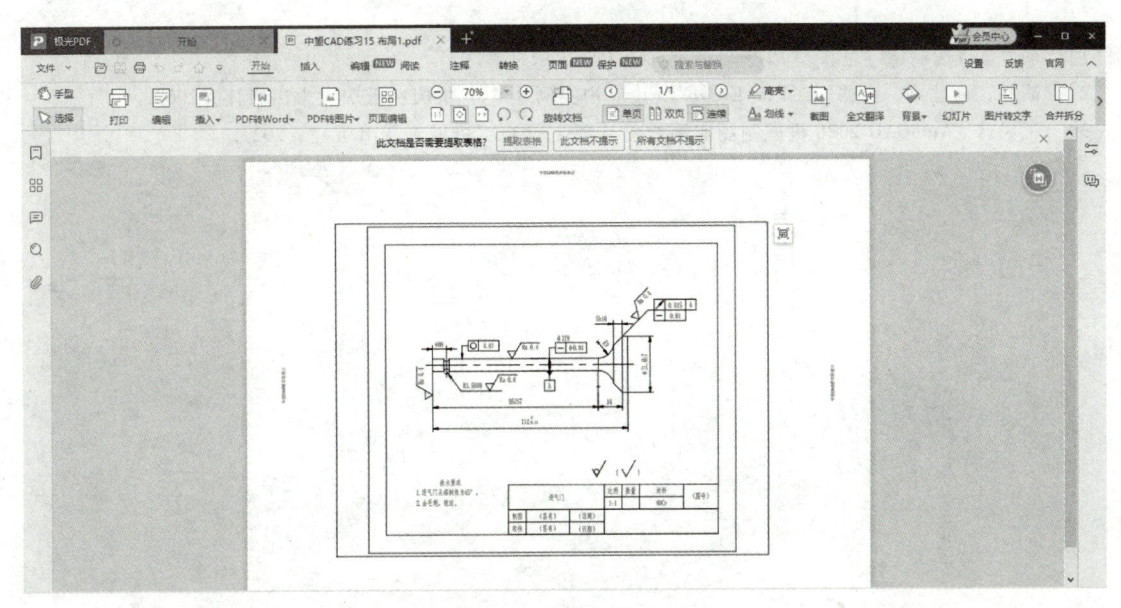

图 7-15　打印结果

操作练习

1. 将图 5-24 所示的零件图在模型空间进行打印，并输出为 PDF 文件。
2. 将图 5-28 所示的零件图在图纸空间进行打印，并输出为 PDF 文件。

参 考 文 献

[1] 胡胜. 机械制图 [M]. 3版. 北京：机械工业出版社，2021.
[2] 胡胜，夏建刚，吴德军. Pro/ENGINEER 应用实例 [M]. 重庆：重庆大学出版社，2009.
[3] 王灵珠. AutoCAD 2020 机械制图实用教程 [M]. 北京：机械工业出版社，2021.